简明有机化学实验

邹立科　谢　斌　主编

重庆大学出版社

图书在版编目(CIP)数据

简明有机化学实验/邹立科,谢斌主编.—重庆：
重庆大学出版社,2010.7(2020.1 重印)
(大学实验课系列教材)
ISBN 978-7-5624-5485-4

Ⅰ.①简… Ⅱ.①邹…②谢… Ⅲ.①有机化学—化
学实验—高等学校—教材 Ⅳ.①O62-33

中国版本图书馆 CIP 数据核字(2010)第 108117 号

简明有机化学实验

邹立科 谢 斌 主编
策划编辑:彭 宁

责任编辑:文 鹏 廖 强 版式设计:彭 宁
责任校对:贾 梅 责任印制:张 策

*

重庆大学出版社出版发行
出版人:饶帮华
社址:重庆市沙坪坝区大学城西路 21 号
邮编:401331
电话:(023) 88617190 88617185(中小学)
传真:(023) 88617186 88617166
网址:http://www.cqup.com.cn
邮箱:fxk@ cqup.com.cn (营销中心)
全国新华书店经销
重庆市国丰印务有限责任公司印刷

*

开本:787mm×1092mm 1/16 印张:7.25 字数:187 千
2010 年 8 月第 1 版 2020 年 1 月第 7 次印刷
ISBN 978-7-5624-5485-4 定价:15.00 元

前 言

　　本书主要根据普通高等院校理工科有机化学实验教学的现状,结合普通高等院校的具体情况和多年的实验教学经验编写而成。

　　有机化学实验是化学、化工、材料、生物、轻工、食品等专业本、专科学生必修的一门基础实验课程。随着高等教育模式的改革和发展,整个化学类基础课程体系有较大的调整,为了突出实验课程在人才培养中的重要作用,实验课已由过去从属于理论课的状态逐渐过渡到单独设课,与理论课并重。但同时,实验和理论课程的课时都有较大幅度减少。如何在有限的教学时间和实验项目中,让学生掌握有机化学实验的基本内涵和特点,培养学生的实验技能和动手能力,为后续的专业实验课程奠定良好的基础,满足素质教育的要求,是我们在教学过程中一直思考和探索的课题。

　　为此,我们将已使用多年并反复修改的《有机化学实验》讲义进行了补充、完善,并改编成书。本书内容包括:实验基本知识、实验技术和基本操作、制备实验和附录四部分。本书具有以下特点:

　　第一,突出基本技能培养和操作训练。编者在教学中发现,不少学生在专业实验课程和毕业论文阶段,表现出实验技能缺乏、基本操作不规范等问题。在改编此书时,对常规有机化学实验中所接触到的基本技能和操作,都做了详细介绍,并融入了编者多年的经验和心得,相信会给学生带来帮助。

　　第二,实验项目的安排摒弃了单纯的基本操作实验,将技能培养和操作训练融入到基础制备实验中;实验项目的选取尽量覆盖有机化学主要和重要的反应,且充分考虑实验的安全性和环保性。

　　第三,考虑到分析测试技术的日益发展,为了精简内容,突出重点有机化合物的性质实验和定性分析实验的内容没有编入本书。

　　第四,进一步丰富附录的内容,方便学生随手查阅实验中常用的常数和性质,减少查阅手册的不便;特别是编入了非常详实的有毒化学品基本知识,让学生了解常见化合物和实验所接触试剂的危害,从而更好地完成实验和研究。

本书的编写和修订得到四川理工学院化学与制药工程学院的大力支持,有机化学教研室的徐斌、蒋维东、冯建申、王军、肖正华等老师对本书的编写提出了许多宝贵意见,全书由李建章教授审阅并提出修订意见。本书的编写还得到四川理工学院教材建设项目经费的资助,也得到重庆大学出版社的大力支持。在此,谨表谢意!

限于编者的水平,书中难免有不妥和遗漏之处,请读者不吝指正。

编　者
2010 年 4 月

目 录

第 **1** 部分
有机化学实验的基本知识

一、有机化学实验课程的目的

有机化学是一门以实践为基础的学科,已发展到理论与实验并重的发展阶段。有机化学实验是高等理工院校的化学、化工、制药、生工、材料、轻化、食品和环境工程等专业必修的一门基础实验课程。通过有机化学实验课程的教学要达到以下目的:

①使学生逐步熟悉和掌握化合物的制备、分离和表征方法,加深对化学基本理论和基本知识的理解和掌握,培养学生通过实验获得新知识的能力。掌握熔点和沸点测定、常压蒸馏、分馏、水蒸气蒸馏、回流、萃取、重结晶等基本操作技能;并能根据实验要求,设计合理的分离提纯方法,及时发现并解决实验中出现的问题。

②培养学生学会细致观察现象,正确记录实验数据和现象以及归纳、综合、正确处理数据、用文字表达实验结果的能力,培养学生严肃认真、实事求是的科学态度和良好的科学作风,以及综合解决问题的能力。

③培养学生分析问题、创新意识和实践与应用的能力,为学生从事化学、化工以及相关领域的科学研究和技术开发工作打下扎实的基础。

④逐步培养学生科学的思维方法和团结协作的工作精神,养成良好的实验室工作作风。

二、有机化学实验课程的要求

为了更好地完成实验,除了需要正确的学习态度外,还需要有正确的学习方法。学生需要在三个环节严格要求自己:

1. 重视课前预习

实验课前必须要认真预习,明确实验目的与要求,了解实验原理、方法、实验内容和实验注意事项,做到心中有数。在预习的基础上写出预习报告(对综合性和设计性实验要写出设计方案),预习报告的主要内容包括:简明扼要地写出实验目的,用框图或箭头等符号表示实验步骤,查阅出有关化合物的基本物化性质(熔点、沸点、折光率、密度、溶解性、毒性与安全性等)数据,设计好数据的记录格式。实验预习的好坏对实验效果起决定性的作用,未预习或未达到要求的学生都必须重新预习,经指导教师检查认可后,方可进行实验。

2.认真实验

在教师指导下独立地进行实验是实验课程的主要教学环节,也是训练学生正确掌握实验技术,实现化学实验目的的重要手段。实验时,原则上应根据实验教材上所提示的方法、步骤和试剂进行操作,涉及性实验或对一般实验提出新的实验方案,必须与指导教师讨论、修改和定稿后方可进行实验。并要求做到以下几点:

①认真操作,细心观察,如实而详细地将实验现象和实验数据记录在实验预习与记录本上,不得将数据记录在小纸片上或实验教材的空白处,不得随意涂改实验数据。

②如果发现实验现象与理论不相符合,应首先尊重实验事实,并认真分析和检查原因,通过必要手段重做实验,有疑问时力争自己解决问题,也可与同学小声讨论或询问指导教师。

③实验过程中应保持肃静,严格遵守实验室工作规则,注意安全。

④实验结束后,洗净仪器,整理药品和实验台,并将实验预习与记录本交指导教师签字认可后,方可离开。

3.独立撰写实验报告

每次实验完毕后,要独立写出实验报告,实验报告要求文字清楚、整齐,表达要简明扼要。实验报告的内容应包括实验目的、原理、实验步骤、实验装置示意图、实验现象和数据记录、数据处理以及结果与讨论等。结论或数据处理需要根据实验现象作出简明解释,写出主要的反应方程式,作出小结或最后得出结论。若有数据计算,务必将所依据的公式和主要数据表达清楚,数据用列表或作图形式表示。实验报告中可以针对实验中遇到的疑难问题,对实验过程中发现的异常现象,或数据处理时出现的异常结果展开讨论,提出自己的见解,分析实验误差产生的原因,也可对实验方法、实验教学和实验内容等提出自己的意见或建议。

附:有机化学实验报告模板

溴乙烷的制备

一、实验目的

【主要包括以下内容:实验的基本原理;需掌握哪些基本操作;进一步熟悉和巩固的已学过的某些操作。】

1.了解以醇为原料制备饱和一卤代烃的基本原理和方法。

2.掌握低沸点化合物蒸馏的基本操作。

3.进一步熟悉和巩固洗涤和常压蒸馏操作。

二、实验原理

【本项内容在写法上应包括以下两部分内容】

1.文字叙述要求简单明了、准确无误、切中要害。

2.主、副反应的反应方程式。

用乙醇和 $NaBr—H_2SO_4$ 为原料制备溴乙烷是典型的双分子亲核取代反应 S_N2 反应,因溴乙烷的沸点很低,在反应时可不断从反应体系中蒸出,使反应向生成物方向移动。

主反应:　　　　$NaBr + H_2SO_4 \longrightarrow HBr + NaHSO_4$

$$CH_3CH_2OH + HBr \Longrightarrow CH_3CH_2Br + H_2O$$

副反应：
$$2CH_3CH_2OH \xrightarrow[\triangle]{H_2SO_4} CH_3CH_2OCH_2CH_3 + H_2O$$

$$CH_3CH_2OH \xrightarrow[\triangle]{H_2SO_4} CH_2 = CH_2 + H_2O$$

$$H_2SO_4 + 2HBr \rightleftharpoons SO_2 + H_2O + Br_2$$

三、实验仪器和试剂

【仪器的规格、药品用量按实验中的要求列出即可。】

【物理常数包括：主要原料、主要产物与副产物的性状、分子量、熔点、沸点、相对密度、折光率、溶解度等，最好用表格形式列出，有单位的物理常数必须给出具体单位。查物理常数的目的不仅是学会物理常数手册的查阅方法，更重要的是，知道物理常数在某种程度上可以指导实验操作。例如：相对密度可以帮助判断在洗涤操作中哪个组分在上层，哪个组分在下层；溶解度可以帮助正确地选择溶剂和选择后处理分离提纯方法。】

具体（略）。

四、实验装置图

【画实验装置图的目的是进一步了解本实验所需仪器的名称、各部件之间的连接次序；基本要求是横平竖直、比例适当；且用铅笔共整、按比例绘制。】

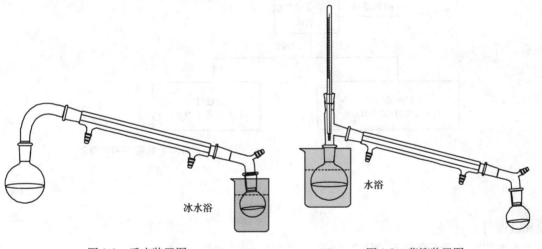

图 1-1　反应装置图　　　　　　　　图 1-2　蒸馏装置图

五、实验操作示意流程

【实验操作示意流程通常用框图形式来表示（如图 1-3 所示），其基本要求是简单明了、操作次序准确、突出操作要点和难点。】

六、试验结果及产率计算

【给出实验结果：产品的性状、外观和产量。产率计算用实际产量除以理论产量。理论产量根据主反应的反应方程式计算出，计算方法是以相对用量最少的原料为基准，按其全部转化为产物来计算。】

$$产率 = \frac{实际产量}{理论产量} \times 100\%$$

七、实验结果讨论

【实验讨论主要是针对产品的产量、质量进行讨论，找出实验成功或失败的原因，总结经

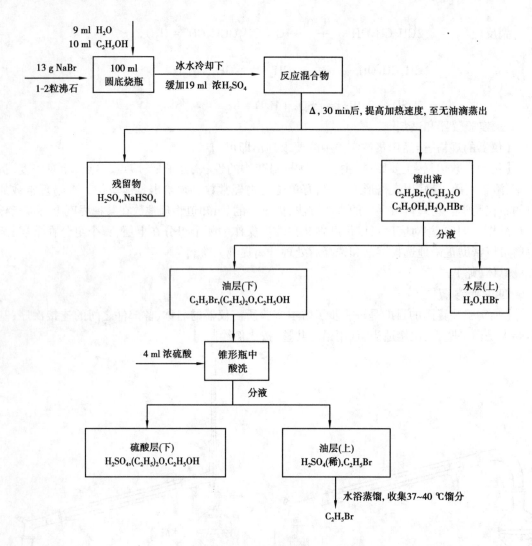

图 1-3　流程图

验和教训。】

本次实验得到无色透明液体 2.5 g（产率 64％），质量基本合格。

实验过程中得到的粗产品略带黄色，是因为加热太快温度过高，溴化氢被硫酸氧化生成溴所致。

分液时操作不熟练，未能及时关闭活塞，有少量油层损失。

浓硫酸洗涤时发热，说明粗产物中尚含有未反应的乙醇、副产物乙醚和水。副产物乙醚可能是由于加热过猛产生的；而水则可能是从水中分离粗产品时带入的。

由于溴乙烷的沸点较低，因此在用硫酸洗涤时会因放热而损失部分产品。

三、有机化学实验的基本知识

1. 有机化学实验规则

①实验前必须进行充分预习,明确实验目的,了解实验原理以及实验的主要内容;熟悉所用试剂、仪器装置的性能,了解有关操作的正确方法和安全注意事项;在预习的基础上写出预习报告。

②实验中要听从指导教师的指导,做到独立思考、正确操作、仔细观察,并认真如实地记录实验现象和测量数据。

③遵守学习纪律和实验室的规章制度,保持实验室安静,不擅自离开实验岗位,不进行与实验无关的活动,创造良好的实验环境。

④养成良好的实验习惯,保持实验室的整洁,做到桌面、地面、水槽和仪器四净,严格遵守水、电、气、易燃、易爆及有毒药品的安全使用规则。废液入桶,杂物(如废纸、废沸石、火柴梗等)可先放入烧杯中,实验完后倒入垃圾箱内,严禁将上述物质倒入水槽。

⑤爱护仪器设备,节约水、电、气和化学试剂。

⑥实验数据和实验记录需经指导教师当场审阅后,学生才可离开实验室。根据原始记录,联系理论知识,认真处理实验数据,分析实验中出现的问题,回答思考题,按要求写出实验报告,并按时交指导教师批阅。

⑦实验完毕后,应立即将仪器清洗干净,并妥善放好;共用物品、仪器、工具等要整理好后放回原处;整理实验台、药品架并擦拭干净。

⑧轮流值日。值日要负责整理共用器材,清扫整个实验室,将废液和垃圾倒入到指定的地方;关闭水、电、气阀门,经指导教师认可后方可离开。

2. 有机化学实验安全规则

有机化学实验室经常使用易燃易爆、有毒和腐蚀性化学药品,合成试验大部分仪器都是玻璃仪器,容易破损。因此,在有机实验室常发生割伤、烫伤、烧伤、着火等事故危险。

但这些事故和危险都是可以避免的,只要认真作好实验预习,实验时认真操作,严格遵守操作规范,仔细观察实验现象和积累经验,就能很好地保证实验过程的安全。

安全规则:

①进入实验室首先要了解、熟悉实验室的水、电、气开关及安全用具、防火器等的放置地点及使用方法,并不能随意移动位置或移作它用。

②实验时不能戴隐形眼镜,不能穿短裤、拖鞋,最好穿实验服。

③严禁在实验室内吸烟、饮食、大声喧哗和打闹。

④禁止随意混合各种试剂药品,更不能尝试其味道,以免发生意外。注意试剂、溶剂的瓶塞、瓶盖不能搞混。当进行危险性较大的实验时,要采取必要的安全措施,如戴防护眼镜、防护面罩或橡皮手套等。

⑤实验开始前应检查仪器是否完整无损,装置是否正确稳妥。实验进行时,不得擅自离开岗位,要经常注意观察仪器有无破裂、漏气、漏水,反应进行是否正常等。

⑥有刺激性或有毒气体的实验,应在通风橱内进行。使用强腐蚀性的浓酸、浓碱、溴、洗液

时要特别小心,应避免接触皮肤和溅在衣服上,更要保护好眼睛。

⑦实验室的一切试剂均不得入口,有毒试剂(如氰化物、汞盐、铅盐、钡盐、重铬酸盐等)不得接触伤口,也不能随意倒入水槽,应回收处理。

⑧稀释浓硫酸时,应将浓硫酸缓慢地注入到水中,并不断搅拌,切勿将水倒入到浓硫酸中,以免发生迸溅,造成灼伤。

⑨加热、浓缩液体时要十分小心,不能俯视正在加热的液体,以免溅出的液体把眼、脸灼伤。加热试管中的液体时,不能将试管对着自己或别人。

⑩实验室所有仪器和药品(包括制备的产品)不得带出室外,用毕应放回原处。

⑪实验结束后,应整理实验台。关闭水、电、气阀门,要细心洗手后方可离开实验室。

3. 有机化学实验事故的预防、处理和急救常识

(1)火灾

预防火灾必须注意以下几点:

①使用易燃溶剂如乙醇、乙醚、二硫化碳、苯等以及其他易燃品时,严禁在敞口容器(如烧杯)中存放或加热,要根据溶剂性质选用正确的加热方式,但切勿用明火直接加热。

②加热易挥发性液体或反应中产生有毒气体时,必须在通风橱内进行,或在反应装置出口处接一橡皮管,导出室外。加热易挥发性液体还要注意远离火源。

③易燃及易挥发物,不得倒入废液桶内,量大时,要专门作回收处理,少量时可倒入水槽,用水冲走(与水有猛烈反应的物质则应单独处理)。

着火的处理:

一旦发生着火事故,应沉着镇静及时采取下列措施。首先切断电源,关闭煤气灯或熄灭其他火源,然后将燃烧物与其他可燃物、助燃物迅速隔离,防止火势进一步扩大。同时视燃烧物性质选用适当的灭火方法进行灭火。

①容器内溶剂着火或小范围着火可用石棉布、石棉网、玻璃布、湿毛巾等覆盖着火物,使之与空气隔绝而灭火。对于活泼金属钠、钾等引起的火灾,应用干燥的细沙覆盖灭火。

②若衣服着火,切勿奔跑,可用厚的外衣包裹使其熄灭,火势较大时就地打滚(以免火焰烧向头部),也可以打开附近的自来水开关用水冲淋至火熄灭。

③对于有机溶剂着火时一般不用水进行灭火,这是因为大多数有机溶剂不溶于水且比水轻,若用水灭火,有机溶剂会浮在水面上,反而扩大火势。有些药品(如金属钠、三氯化磷等)与水反应产生可燃、易爆、有毒气体,可能引起更大事故。

④必要时报火警。

化学实验室常备的灭火器材及其使用范围如下:

①泡沫灭火器。泡沫灭火器所产生的泡沫(含 CO_2)在燃烧物表面形成覆盖层,从而封闭其表面,隔绝空气。泡沫灭火器主要用于扑灭不溶于水的可燃液体和一般固体的着火。不适用于轻金属、碱金属及遇水能发生燃烧的物质和带电设备的灭火。

②二氧化碳灭火器。二氧化碳灭火器以液体形式压装在灭火器中。当阀门一开,喷出的二氧化碳迅速气化,从灭火器喷出的是温度很低的气、固二氧化碳,可降低燃烧区空气中的氧含量。当空气中二氧化碳的浓度达到30%～35%时,火就会熄灭,同时,喷出二氧化碳的冷却作用也有助于灭火。二氧化碳无毒、不导电,对大多数物质无损坏,故适用于扑灭各种易燃液体和易受水、泡沫、干粉等灭火器污染的物质和带电设备的着火。

③干粉灭火器。干粉灭火剂是由硫酸氢钠(钾)、磷酸铵、氯化钾、碳酸钠的干粉及适量的

润滑剂和防潮剂组成,装在相应的灭火器内。使用时借压缩气体(二氧化碳或氮气)将干粉以雾状流喷向燃烧物。当干粉与火焰接触时,受热分解出不燃气体,稀释燃烧区域中氧气的含量,从而使火焰熄灭。它主要用于各种水溶性和非水溶性可燃液体及一般带电设备的着火。

④1211 灭火器。手提式(BCF)1211 灭火器内装二氟一氯一溴甲烷,并充有 2.94 MPa 压力的氮气。该灭火器质量轻、体积小、灭火率高,其喷射距离为 2 ~ 3 m,喷射时间为 6 ~ 8 s,可用于扑灭油类、电器、有机溶剂、精密仪器等的着火。

⑤四氯化碳灭火器。四氯化碳灭火器内装液体 CCl_4,CCl_4 沸点低,相对密度大,不会引起燃烧。使用时,把 CCl_4 喷射到燃烧物的表面,CCl_4 迅速气化,覆盖在燃烧物上而灭火。它主要用于电气设备及汽油、丙酮等的着火,使用时必须注意空气流通,防止因产生光气而中毒。

(2)爆炸

为避免爆炸事故,应注意下列问题:

①常压加热操作时切勿将反应体系密闭,应使装置与大气相通;减压蒸馏时不可使用锥形瓶或平底烧瓶;加压操作应经常注意体系是否超过安全负荷。否则都可能引起爆炸。

②接触易爆物质(如过氧化物、多硝基化合物等)时,要特别小心。不能加热、剧烈震动和磨擦。使用易爆物质时须在防爆装置中进行,用量不能太大。

(3)中毒

实验中应防止中毒,须做到以下几点:

①药品不要沾到皮肤上,尤其是剧毒药品。接触这类药品必须戴橡皮手套,操作完后应立即洗手。称量任何药品都应使用工具,不得用手直接接触。嗅闻气体时,应用手将少量气体轻轻搧向自己,不要用鼻子对准气体逸出的管口。

②处理有毒、有害或腐蚀性物质时,应在通风橱中进行,必要时戴上防护用具,尽可能地避免这些物质的蒸气扩散到实验室内,污染工作环境。

③对沾过有毒物质的仪器和工具,实验完后应立即清洗或采取适当措施处理,以破坏或消除其毒性。

④有毒药品应妥善管理,不得乱放。剧毒药品应有专人负责收发,并应向使用者提供操作规范及使用注意事项。

⑤一般药品溅到手上,可用水和乙醇洗去。实验者如有轻微中毒症状,应到空气新鲜的地方休息。若中毒症状较严重,如皮肤出现斑点、头昏、呕吐、瞳孔放大等应及时送医院救治。

(4)玻璃割伤

玻璃割伤多由于安装仪器时用力过猛或着力点远离连接部位,或仪器口径不合而勉强连接,或玻璃折断面未烧圆滑有棱角等原因造成。如果发生割伤要及时处理,先将伤口处的玻璃碎片取出,若伤口不大,用蒸馏水洗净伤口,消毒后再贴上创口贴即可。若伤口较大,流血不止,应压迫止血,并及时到医院处理。

(5)灼伤

皮肤接触高温蒸气、火焰、及高热物体以及低温物质(如干冰、液氮)或腐蚀性试剂等都会造成灼伤。因此,实验时要避免皮肤与上述能引起灼伤的物体接触,特别要注意保护眼睛。取用有腐蚀性化学药品时,应戴上橡皮手套和防护眼睛。实验中发生灼伤时,要根据不同情况及时处理。

下面介绍一些受到灼伤伤害时的应急处理方法。

①酸灼伤:如为大量浓酸(如硫酸、硝酸)倾倒或喷溅到皮肤裸露处,应用软布或卫生纸轻

轻沾去,然后再用大量水冲洗,再以3%～5%的碳酸氢钠溶液涂洗,最后用水冲洗。

②碱灼伤:立即用大量水冲洗,再以1%醋酸液洗,最后用水冲洗。

③溴灼伤:立即用大量水冲洗,再用酒精擦至无溴液存在,然后涂上甘油或烫伤油膏。

④烫伤:轻者立即将烫伤部位侵入冷水或冰水中以减轻疼痛,洗净后涂上红花油。灼伤严重者按上述简单方法处理后,及时到医院治疗。

试剂溅入眼内,任何情况下均要先洗涤,紧急处理后送医院治疗。酸:用大量水冲洗,再用1%的碳酸氢钠溶液洗;碱:用大量水冲洗,再用1%的硼酸液洗;溴:用大量水冲洗,再用1%的碳酸氢钠溶液洗。

(6)触电

使用电器设备时,不要用湿手或握住湿抹布结触仪器,以免触电,用后应关闭电源,拔下电源插头。不慎触电时,应立即切断电源,必要时进行人工呼吸。

四、化学实验常用的玻璃仪器

1.常用玻璃仪器

化学实验中的玻璃仪器分为普通玻璃仪器和标准磨口仪器。

(1)普通玻璃仪器

常见的普通玻璃仪器有试管、烧杯、烧瓶等,如图1-4所示。

| 烧杯 | 锥形瓶 | 广口瓶 | 滴瓶 |

| 研钵 | 坩埚钳 | 坩埚 | 表面皿 |

| 洗瓶 | 蒸发皿 | 容量瓶 | 量筒 | 分液漏斗 |

图1-4 常用普通玻璃仪器

图示中的分液漏斗的非标准磨口部件(如旋塞、活塞),不能分开存放,应在磨口间夹上纸条,系上橡皮圈,整套存放。

(2)标准磨口仪器

标准磨口玻璃仪器是具有标准磨口、磨塞的玻璃仪器。由于口塞尺寸的标准化、系列化,磨砂密合,凡属于同类型规格的接口,均可任意互换,各部件能组装成各种配套仪器,这样一来,可免去选配塞子和钻孔等繁琐手续。有时两种玻璃仪器因规格不同无法直接组装时,可使用变径(口)接头(大小接头)使之连接起来。

表 1-1　标准磨口系列编号与其大端直径的对照表

编　　号	10	14	19	24	29	34	40
大端直径/mm	10.0	14.5	18.8	24.0	29.2	34.5	40.0

标准磨口仪器均按国际通用的技术标准制造。标准磨口仪器的口、塞径大小用编号表示,常用 10、14、19、24、29、34 等表明规格,这里的数字指磨口最大端直径的毫米数。有的标准磨口仪器标有两个数字,如 10/30,10 表示磨口大端直径为 10 mm,30 表示磨口长度为 30 mm。

化学实验中常用的标准磨口仪器如图 1-5 所示。

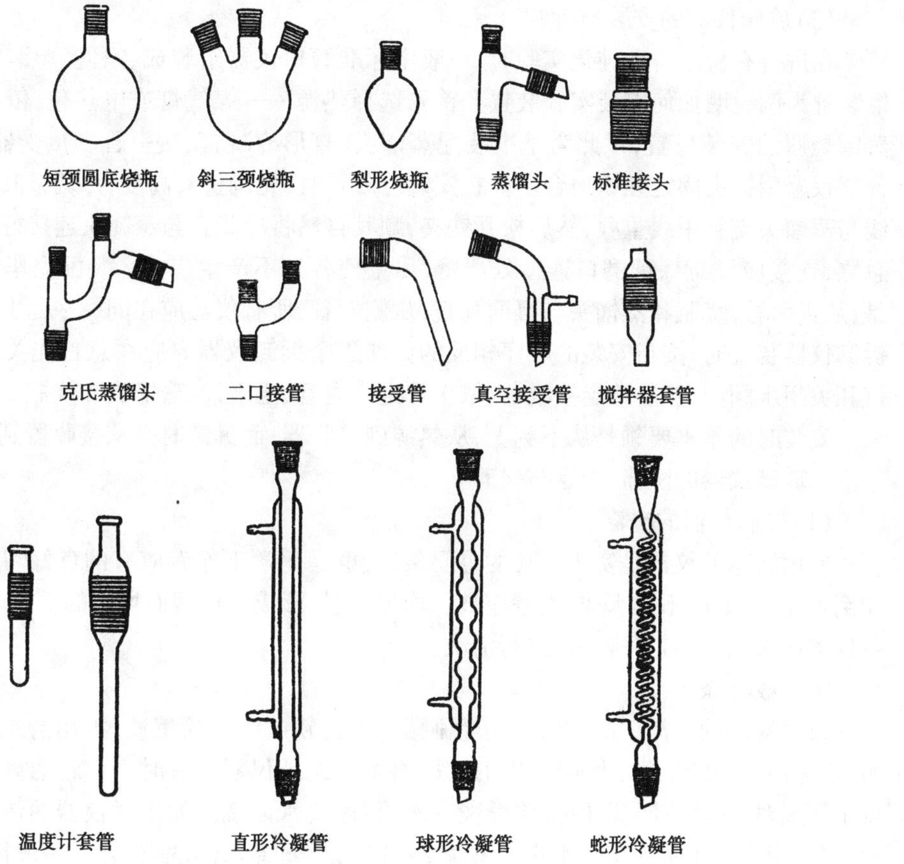

短颈圆底烧瓶　　斜三颈烧瓶　　梨形烧瓶　　蒸馏头　　标准接头

克氏蒸馏头　　二口接管　　接受管　　真空接受管　　搅拌器套管

温度计套管　　直形冷凝管　　球形冷凝管　　蛇形冷凝管

图 1-5　标准磨口仪器

使用标准磨口仪器时应注意：

①磨口必须清洁，不得沾有固体物质，使用前宜用软布或卫生纸揩试干净，否则会使磨口对接不密合，甚至损坏磨口。

②一般使用时，磨口无需涂润滑剂，以免沾污反应物或产物。若反应物中有强碱，则应涂凡士林，以免磨口连接处因碱腐蚀粘牢而无法拆开。另外在进行减压蒸馏时，标准磨口仪器必须涂真空脂。从内磨口涂有润滑剂的仪器中倾出物料前，应先将磨口表面的润滑剂用有机溶剂擦拭干净（用脱脂棉或滤纸蘸石油醚、乙醚、丙酮等易挥发的有机溶剂），以免物料受到污染。

③仪器用后应立即拆卸洗净，散件存放。否则磨口对接处常会黏结，很难拆卸。如果磨口黏结而无法拆卸时，可用热水煮黏结处或用热风吹母口处，使其膨胀而脱落，也可用木槌轻轻敲打黏结处使其脱落。

④安装磨口仪器时注意相对角度，不能在角度有偏差时硬性装拆。应将磨口和磨塞轻轻的对旋连接，且不能用力过猛，不能使磨口连接处受到歪斜的应力，否则仪器易破裂。

⑤洗涤磨口时，应避免用含硬质磨料的去污粉擦洗，以免损坏磨口。

⑥带旋塞或具塞的仪器清洗后，应在塞子和磨口接触处夹放纸片或涂抹凡士林，以防久置后黏结。

（3）玻璃仪器的安装与拆卸

在进行有机制备和纯化实验时，一般用标准磨口仪器组装成各种实验装置。现以简单蒸馏装置为例说明如何安装实验装置。首先选择热源——煤气灯或电热包，依据热源高度确定蒸馏烧瓶的安装位置，以此为基准装配蒸馏头、直形冷凝管、接引管和接受器，最后安装温度计。仪器用铁夹固定在铁架台上。在安装冷凝管时，先调整其高度，再调整其倾斜度使其中心线与蒸馏头支管中线重叠，然后松开铁夹，顺其自然将冷凝管与蒸馏头连接好，最后旋紧铁夹。总之，连接应注意保证磨口连接处严密，尽量使各处不产生应力。装配完毕的实验装置应该是：从正面看，烧瓶和蒸馏头与桌面垂直；从侧面看，所有仪器应在同一平面上，做到横平竖直。拆卸仪器装置时，按与安装的顺序相反的方向逐个拆卸仪器。应注意首先关电源或熄灭煤气灯和关闭水阀门，然后移走接收器，依次移走冷凝管、温度计、蒸馏头和烧瓶。

安装时的基本要领是从下到上，从热源到接收器；而拆卸时是从接收器到热源，从上到下。

2. 玻璃仪器的洗涤、干燥与保养

（1）玻璃仪器的洗涤

使用洁净的仪器是实验成功的重要条件，也是化学工作者应有的良好习惯。洗净的仪器在倒置时，器壁应不挂水珠，内壁应被水均匀润湿，形成一层薄而均匀的水膜。如果有水珠，说明仪器还未洗净，需要进一步进行清洗。

①一般洗涤

仪器清洗的最简单的方法是用毛刷蘸上去污粉或洗衣粉擦洗，再用清水冲洗干净。洗刷时，不能用秃顶的毛刷，也不能用力过猛，否则会戳破仪器。有时去污粉的微小粒子粘服在器壁上不易洗去，可用少量稀盐酸摇洗一次，再用清水冲洗。如果对仪器的洁净程度要求较高时，可在用去离子水或蒸馏水进行淋洗2～3次，用蒸馏水淋洗仪器时，一般用洗瓶进行喷洗，这样可节约蒸馏水和提高洗涤效果。

②铬酸洗液洗涤

对一些形状特殊的容积精确的容量仪器,例如滴定管、移液管、容量瓶等的洗涤,不能用毛刷沾洗涤剂洗涤,只能用铬酸洗液。焦油状物质和碳化残渣用去污粉、洗衣粉、强酸或强碱常常洗刷不掉,这时也可用铬酸洗液。

铬酸洗液的配制方法:在一个 1 000 ml 厚壁烧杯中,把 30 g $K_2Cr_2O_7$ 溶于 40 ml 水中,在冷水浴条件下,缓慢加入 500 ml 浓硫酸搅拌均匀(此过程强烈放热,需不断搅拌和注意冷却)。因浓硫酸易吸潮,待混合液冷却至室温,倒入干燥的密封容器中保存。铬酸本身呈红棕色,若经长期使用,洗液变成绿色时,表示已失效。

使用铬酸洗液时,应尽量把仪器中的水倒净,然后缓缓倒入洗液,让洗液能够充分地润湿有残渣的地方,用洗液浸泡一段时间或用热的洗液进行洗涤地效果更佳。浸泡完成后,若铬酸洗液仍呈红棕色,可将上层清液倒回原来的铬酸洗液瓶中。然后加入少量水,摇荡后,把洗液倒入废液桶中。最后用清水把仪器冲洗干净。

使用洗液时应注意安全,不要溅到皮肤和衣服上。

③特殊污垢的洗涤

对于某些污垢用通常的方法不能除去时,则可通过化学反应将黏附在器壁上的物质转化为水溶性物质。几种常见的污垢的处理方法见表1-2。

表1-2　常见污垢的处理方法

污　垢	处理方法
沉积的金属如银、铜	用 HNO_3 处理
沉积的难溶性银盐	用 $Na_2S_2O_3$ 洗涤,Ag_2S 用热浓 HNO_3 处理
黏附的硫磺	用煮沸的石灰水处理
高锰酸钾污垢	用草酸溶液处理(黏附在手上也可用此法)
沾有碘迹	用 KI 溶液浸泡;温热的 NaOH 或用 $Na_2S_2O_3$ 溶液处理
瓷研钵内的污迹	用少量食盐在研钵内研磨后倒掉,然后用水洗
有机反应残留的胶状或焦油状有机物	视情况用低规格或回收的有机溶剂浸泡;也可用稀 NaOH 或用浓 HNO_3 煮沸处理
一般油污及有机物	用含 $KMnO_4$ 的 NaOH 溶液处理
被有机试剂染色的比色皿	用体积比 1∶2 的盐酸—酒精溶液处理

④超声波洗涤

在超声波清洗器中放入需要洗涤的仪器,再加入合适洗涤剂和水,接通电源,利用声波的能量和振动,就可把仪器清洗干净,既省时又方便。

(2)玻璃仪器的干燥

洗净的玻璃仪器常用下列几种方法干燥。

①自然凉干

将洗净的仪器,倒立放置在仪器架上或仪器柜内,让其在空气中自然凉干。

②烘干

将洗净的仪器倒置去水后,用电烘箱烘干,烘箱温度通常保持在 100 ~ 120 ℃。刚洗好的仪器应将水控干后再放入烘箱中。烘仪器时,将烘热干燥的仪器放在上边,湿仪器放在下边,以防湿仪器上的水滴到热仪器上造成仪器炸裂。热仪器取出后,不要马上碰冷的物体如冷水、金属用具等。带磨塞的分液漏斗在烘干时,应先将磨塞拔出,才能放入烘箱中烘干。烘干的仪器最好等烘箱冷却到室温后再取出。如果热时就要取出仪器,应注意用干抹布垫手以防烫伤。

注意:有刻度的量具如移液管、容量瓶、滴定管等和不耐热的吸滤瓶等不宜在烘箱中烘干。

③用有机溶剂快速干燥

将洗净的仪器用少量乙醇、丙酮等低沸点溶剂淌洗后(倒出溶剂予以回收),用电吹风吹1~2 min,去除大部分溶剂,再用热风吹至完全干燥,最后吹冷风使仪器逐渐冷却,即可使用。(此干燥方式一般只适用于紧急需要干燥仪器时使用,且仪器容积不能太大)

④热空气浴烘干

把仪器放在两层相隔10 cm的石棉铁丝网的上层,用煤气灯加热下层石棉铁丝网,控制火焰,勿让上层石棉铁丝网温度超过120 ℃。仪器决不能直接用火焰烤干或放在直接和火焰接触的石棉铁丝网上加热烘干,否则仪器易破裂。但试管可直接用小火烤,操作时,试管略为倾斜,试管口向下,先加热试管底部,逐渐向管中移动。

另外,也可用气流烘干玻璃仪器。

(3)玻璃仪器的保养与存放

玻璃仪器易碎,实验时损耗较大,因此在使用时轻拿轻放,进行适当固定。用铁夹固定玻璃仪器时,不可过度用力,以免夹碎仪器。另外,在使用水银温度计和存放分液漏斗时更需要特别注意。

①温度计的使用

温度计水银球部分玻璃较薄,容易打碎,造成水银洒漏,在使用时应十分小心。

第一,不能用温度计作搅拌棒。

第二,选择合适量程的温度计,不能测量超过其范围的温度。

第三,不能长时间放在高温溶剂中。

第四,不能在高温溶剂中久置后立即用冷水冲洗,以防炸裂。

②分液漏斗

分液漏斗的活塞和盖子是磨口的,且为原配,不得随意互换;非原配的活塞即使大小合适,也会漏液。因此在保管时,需一套一套分别仔细保管,最忌随意混乱堆放,造成大量分液漏斗的活塞和盖子无法匹配而无法使用。另外,需特别强调的是,分液漏斗用完后,一定要在活塞和盖子的磨口间垫上纸片,否则时间一长,磨口玻璃粘在一起,难以打开。

五、化学试剂的规格、存放及取用

1. 化学试剂的规格

根据国标(GB)及部颁标准,化学试剂按其纯度和杂质含量高低分为四种等级(见表1-3)。

表 1-3　化学试剂的级别

试剂级别	一等品	二等品	三等品	四等品
纯度分类	优级纯（GR）	分析纯（AR）	化学纯（CP）	实验试剂（LR）
标签颜色	绿色	红色	蓝色	黄色

①优级纯试剂，亦称保证试剂，为一级品，纯度高，杂质极少，主要用于精密分析和科学研究，常以 GR 表示。

②分析纯试剂，亦称分析试剂，为二级品，纯度略低于优级纯，杂质含量略高于优级纯，适用于重要分析和一般性研究工作，常以 AR 表示。

③化学纯试剂为三级品，纯度较分析纯差，但高于实验试剂，适用于工厂、学校一般性的分析工作，常以 CP 表示。

④实验试剂为四级品，纯度比化学纯差，但比工业品纯度高，主要用于一般化学实验，不能用于分析工作，常以 LR 表示。

化学试剂除上述几个等级外，还有基准试剂、光谱纯试剂及超纯试剂等。基准试剂相当或高于优级纯试剂，专作滴定分析的基准物质，用以确定未知溶液的准确浓度或直接配制标准溶液，其主成分含量一般在 99.95% ~ 100.0%，杂质总量不超过 0.05%。光谱纯试剂主要用于光谱分析中作标准物质，其杂质用光谱分析法测不出或杂质低于某一限度，纯度在 99.99% 以上。超纯试剂又称高纯试剂，是用一些特殊设备如石英、铂器皿生产的。

2. 试剂的存放

化学试剂在贮存时常因保管不当而变质。有些试剂容易吸湿而潮解或水解；有的容易跟空气里的氧气、二氧化碳或扩散在其中的其他气体发生反应，还有一些试剂会受光照和环境温度的影响而变质。因此，必须根据试剂的不同性质，分别采取相应的措施妥善保存。一般有以下几种保存方法：

（1）密封保存

试剂取用后一般都用塞子盖紧，特别是挥发性的物质（如硝酸、盐酸、氨水）以及很多低沸点有机物（如乙醚、丙酮、甲醛、乙醛、氯仿、苯等）必须严密盖紧。有些吸湿性极强或遇水蒸气发生强烈水解的试剂，如五氧化二磷、无水 $AlCl_3$ 等，不仅要严密盖紧，还要蜡封。

在空气里能自燃的白磷保存在水中。活泼的金属钾、钠要保存在煤油中。

（2）用棕色瓶盛放和安放在阴凉处

光照或受热容易变质的试剂（如浓硝酸、硝酸银、氯化汞、碘化钾、过氧化氢以及溴水、氯水）要存放在棕色瓶里，并放在阴凉避光处，防止试剂分解变质。

（3）危险药品要跟其他药品分开存放

具有易发生爆炸、燃烧、毒害、腐蚀和放射性等危险性的物质，以及受到外界因素影响能引起灾害性事故的化学药品，都属于化学危险品。这些药品一定要单独存放，例如高氯酸不能与有机物接触，否则易发生爆炸。

强氧化性物质和有机溶剂能腐蚀橡皮，不能盛放在带橡皮塞的玻璃瓶中。容易侵蚀玻璃而影响试剂纯度的试剂，如氢氟酸、含氟盐（氟化钾、氟化钠、氟化铵）和苛性碱（氢氧化钾、氢氧化钠），应保存在聚乙烯塑料瓶或涂有石蜡的玻璃瓶中。

剧毒品必须存放在保险柜中,加锁保管。取用时要有两人以上共同操作,并记录用途和用量,随用随取,严格管理。腐蚀性强的试剂要设专门的存放橱。

3. 试剂的取用

(1)液体试剂的取用

①从细口瓶中取用液体试剂

先取下瓶塞,将瓶塞仰放在实验台上。用左手拿着容器(量筒、试管等),右手握住试剂瓶,将试剂瓶的标签贴在手心,倒出所需量的试剂(见图1-6),最后将瓶口在容器内壁上靠一下,再缓慢竖起试剂瓶,避免液滴沿瓶外壁流下。

将液体从试剂瓶里倒入烧杯时,用右手握瓶,左手拿玻璃棒,使棒的下端斜放在烧杯里,同时将瓶口靠在玻璃棒上使液体沿着玻璃棒往下流(见图1-7)。倒好后,立即将瓶塞塞好,试剂瓶放回原处,瓶上标签朝外。

②从滴瓶中取用液体试剂

从滴瓶中取用液体试剂时要用滴瓶中的滴管,不允许用别的滴管。往试管中滴加试剂时,只能将滴管下口放在试管口上方滴加,如图1-8。禁止将滴管伸入试管内,以免污染滴管。滴加完毕,应立即将滴管插回原滴瓶内(注意瓶上标签,千万别插错)。

图1-6 往试管中倒液体试剂

图1-7 往烧杯中倒液体试剂

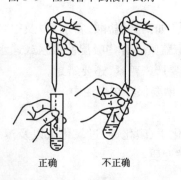

正确 不正确

图1-8 往试管中滴加液体

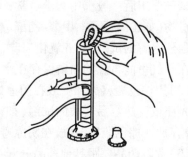

图1-9 用量筒量取液体

如果需要定量量取液体试剂,根据需要可选用量筒或移液管等。量筒用于量度一定体积的液体,可根据需要选用不同量度的量筒。用量筒量取液体时,应左手持量筒,并以大拇指指示所需体积的刻度处,右手持试剂瓶(试剂标签应向手心处),瓶口紧靠量筒口边缘,慢慢注入液体到所指刻度(图1-9)。读取刻度时,视线应与液面在同一水平面上。如果不谨慎,倾出了过多的液体,只好把它弃去或给他人用,不得倒回原瓶。

（2）固体试剂的取用

取用固体试剂一般用牛角匙或不锈钢药匙。牛角匙两端为大小两个匙，取用大量固体时用大匙，取少量固体时用小匙。牛角匙必须干净，共用的牛角匙用完后应立即放回原处。药品取完后应立即塞好瓶塞。要求称取一定量固体时，用牛角匙从试剂瓶中取出所需固体，放在纸上、洁净干燥的表面皿等玻璃容器或称量瓶内，根据要求在托盘天平、分析天平上用直接法或差减法称量。有腐蚀性、强氧化性的固体只能放在玻璃器皿内称量，不能放在纸上称量，更不能直接放在天平盘上称取；易受潮的固体试剂，只能放在称量瓶中用差减法称取。注意，所有取出的试剂都不要倒回原试剂瓶中（放入回收瓶），因此，不要多取试剂，以免浪费。

往容器中放入固体药品时，为了避免药品沾在容器口部，可取较硬且干燥的白纸折成一小三角，其大小以能放入容器为准。先用牛角匙将固体试剂放入三角纸内，然后小心送入容器的底部，直立容器，用手轻轻抽出纸带，使纸上试剂全部落入容器。也可用配套的加料漏斗往容器中加固体试剂，然后用液体反应原料或相应溶剂冲洗。如果容器的口径足够大，可用牛角勺将固体直接送入容器中。

六、加热和冷却

一般的有机化学反应在室温下难以进行或进行得很慢。为了加快反应速度，要采用加热的方法。

1. 常用热源

有机实验常用的热源是电热套或煤气灯。

（1）电热套

电热套是用玻璃纤维丝与电热丝编织成半圆形的内套，外边加上金属外壳，中间填上保温材料，如图1-10，不用明火加热，使用较安全。同时其结构为半圆形，在加热时，烧瓶处于热气流中，因此，加热效率较高。在使用时应注意，不要将药品洒在电热套中，以免加热时药品挥发污染环境，同时避免电热丝被腐蚀而断开。用完后放在干燥处，避免内部吸潮后会降低绝缘性能。

图 1-10　电热套

（2）煤气灯

煤气灯是化学实验室中最常用的加热器具，其结构如图 1-11 所示。它的式样虽多，但构造原理是相同的，由灯管（1）和灯座（2）所组成。灯管的下部有螺旋，与灯座相连，灯管下部还有几个圆孔（4），为空气的入口。用橡皮管将煤气入口（3）和煤气管或天然气管连接，使用十分方便。旋转灯管，即可完全关闭或不同程度地开启圆孔，以调节空气的进入量，灯座的侧面有煤气的入口，可接上橡皮管把煤气导入灯内。灯座下面（或侧面）有一螺悬针阀（5），调节煤气的进入量。

①煤气灯的点燃

使用煤气灯时应先将空气入口关闭,点燃火柴并移近灯口,再旋开煤气开关便可点燃。调节煤气阀门,使火焰高度适宜,正常使用时火焰高 4～5 cm。此时的火焰呈黄色(系碳粒发光所产生的颜色),煤气的燃烧不完全,火焰温度并不高。逆时针旋转灯管,调节空气入口,逐渐加大空气的进入量,煤气的燃烧就逐渐完全,并且火焰分为三层(图 1-12)。焰心(内层)——煤气和空气混合物并未燃,温度低,约为 300 ℃。还原焰(中层)——煤气不完全燃烧,并分解为含碳的产物,所以这部分火焰具有还原性,称"还原焰"。温度较焰心高,火焰呈淡蓝色。氧化焰(外层)——煤气完全燃烧。过剩的空气使这部分火焰具有氧化性,称"氧化焰"。最高温度处在还原焰顶端上部的氧化焰中,为 800～900 ℃(煤气的组成不同,火焰的温度也有所差异),火焰呈淡紫色。实验时,一般都用氧化焰来加热。

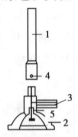

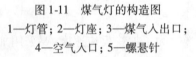

图 1-11　煤气灯的构造图　　　　　　　图 1-12　三层火焰分布图
1—灯管;2—灯座;3—煤气入出口;　　　　1—焰心;2—还原焰;3—氧化焰
4—空气入口;5—螺悬针

当空气或煤气的进入量调节得不合适时,会产生不正常的火焰。若火焰呈黄色或发黑烟,说明煤气燃烧不完全,应调大空气进入量。当煤气和空气的进入量都很大时,火焰就临空燃烧,称为"临空火焰"。这种火焰不会持久,很快自行熄灭,并且难以点燃。当煤气进入量很小,而空气进入量很大时,煤气会在灯管内烧燃而不是在灯管口燃烧,这时还能听到特殊的嘶嘶声和看到一束细长的火焰,这种火焰叫"侵入火焰"。它将烧热灯管,一不小心就会烫伤手指,遇到临空火焰或侵入火焰时,立刻关闭煤气阀门,重新点燃并调节到正常火焰。若看不见灯口上有明显的火焰但能听到特殊的嘶嘶声,说明空气量大,煤气量小,产生侵入火焰,即火焰在灯管内燃烧。此时不能用手触摸灯管,以免烫伤,应立即关闭煤气开关,冷却后重新调节并点燃。

②煤气灯的熄灭

关闭煤气开关,煤气灯即熄灭,然后再关闭空气入口。

2.加热方式

有机化学实验过程中,切忌直接用火焰加热玻璃器皿,因为玻璃对于剧烈的温度变化和不均匀的加热是不稳定的;同时可能因局部过热引起有机化合物的分解、燃烧甚至爆炸。一般根据物料及反应特性采用适当的间接加热方法(热浴加热),方便控制加热的温度,增大受热面积,使反应物质受热均匀,避免局部过热而分解,如用水浴、油浴、空气浴及砂浴加热等。

对于低沸点的易燃物质如乙醇、乙醚、丙酮等,必须用水浴加热;用油浴加热时,要特别小心,防止着火。当油浴加热冒烟情况严重时,应立即停止加热。万一着火,也不要慌张,首先要关闭煤气灯或加热器,再移去周围易燃物,然后用石棉板盖住油浴锅,火即可熄灭。为了控制好温度,应在油浴中悬挂温度计或在沙浴中插温度计(温度计水银球应紧靠容器)。

（1）水浴

水浴是以金属小锅（锅盖由大小不同的金属环组成）盛水，然后用煤气灯或电热套直接将锅中水加热至所需温度，通过水蒸气或热水使物体受热。实验室中还常用烧杯盛水作水浴用，水浴加热的可控制加热温度不超过 100 ℃。

（2）油浴

加热温度在 100 ~ 250 ℃ 时，可以用油浴。容器内物质的温度一般比油浴温度低 15 ~ 20 ℃。常用的油类有液体石蜡、豆油、棉子油、硬化油等。新用的植物油受热到 220 ℃ 时，往往有一部分分解而冒烟，所以加热以不超过 200 ℃ 为宜，用久以后，可加热到 220 ℃。药用石蜡可加热到 220 ℃，硬化油可加热到 250 ℃ 左右。

特别注意：热油中滴入水，会剧烈飞溅而烫伤操作者，故进行油浴加热前需处理好冷凝水。

（3）空气浴

空气浴是通过热源把局部空气加热，空气再把热能传导给反应容器。最简单的方法是加热石棉网产生热空气，通过控制容器距石棉网的距离来控制加热温度。另外电热套加热也是简便的空气浴加热，能从室温加热到 300 ℃ 左右。安装电热套时，要使反应瓶外壁与电热套内壁保持 0.5 cm 左右的距离，以便利用热空气传热和防止局部过热等。

（4）砂浴

加热温度达 250 ℃ 以上时，往往使用砂浴。砂浴是将清洁而又干燥的细砂平铺在铁盘上，把盛有被加热物料的容器埋在砂中，加热铁盘。由于砂对热的传导能力较差而散热却较快，所以容器底部与砂浴接触处的砂层要薄些，以便于受热。由于砂浴散热太慢，温度上升较慢，且不易控制，因而使用不广。

3. 冷却

有些合成实验需要在低温条件下进行，有些反应有大量的热放出须及时除去，这都需要进行冷却。有时在反应中产生大量的热，它使反应温度迅速升高，如果控制不当，可能引起副反应。它还会使反应物蒸发，甚至会发生冲料和爆炸事故。要把温度控制在一定范围内，就要进行适当的冷却。有时为了降低溶质在溶剂中的溶解度或加速结晶析出，也要采用冷却的方法。

冷却最简便的方法是将反应容器浸于冷水中。如果要在低于室温的条件下进行反应，则可用水和碎冰的混合物作冷却剂，它的冷却效果要比单用冰块好，因为它能和容器更好地接触。如果水的存在并不妨碍反应的进行，则可把干净的碎冰直接投入反应物中，这样能更有效地保持低温。

如果需要把反应混合物保持在 0 ℃ 以下，常用碎冰（或雪）和无机盐的混合物作冷却剂。制冰盐冷却剂时，应把盐研细，然后和碎冰（或雪）按一定比例均匀混合（混合比例参见表 1-4）。

在实验室中，最常用的冷却剂是碎冰和食盐的混合物，它实际上能冷却到 -5 ~ -18 ℃ 的低温。用固体的二氧化碳（又叫"干冰"）和乙醇、乙醚或丙酮的混合物，可达到更低的温度（-50 ~ -78 ℃）。用普通的保温桶装上干冰和丙酮（或乙醇、乙醚），可持续进行 2 ~ 4 h 的低温（一般 -30 ~ -50 ℃）冷浴。

表1-4　常用冰盐浴冷却剂

盐　类	100份碎冰(或雪)中加盐的重量份数	混合物能达到的最低温度/℃
NH_4Cl	25	−15
$NaNO_3$	50	−18
$NaCl$	33	−21
$CaCl_2 \cdot 6H_2O$	100	−29
$CaCl_2 \cdot 6H_2O$	143	−55

七、玻璃工操作

在进行化学实验时,经常需要各种形状的玻璃管、滴管、玻璃棒和不同直径的毛细管,要求对玻璃管进行加工,以满足实验的需要。

1. 玻璃管的洗净

玻璃管在加工之前需要洗净。玻璃管内的灰尘用水冲洗就可洗净。对于较粗的玻璃管,可以用两端缚有线绳的布条通过玻璃管,来回拉动,擦去管内的赃物。如果玻璃管保存得好,比较干净,也可以不洗,仅用布把玻璃管外面试净,就可以使用。如果管内附着油腻的东西,用水不能洗净,用布条也不能擦净时,可把玻璃管适当地割短,浸在铬酸洗液里,然后取出用水冲洗。

洗净的玻璃管必须干燥后才能加工,可在空气中晾干、用热空气吹干或在烘箱中烘干,但不宜用灯火直接烤干,以免炸裂。

2. 玻璃管的截断

截断玻璃管可用扁锉、三角锉或小砂轮片。切割时把玻璃管平放在桌子边缘,将锉刀(或砂轮片)的锋棱压在玻璃管要截断处,如图1-13(a),然后用力把锉刀向前推或向后拉,同时把玻璃管略微朝相反的反向转动,在玻璃管上划出一条清晰、细直的深痕。不要来回拉锉,因为这样会损伤锉刀的锋棱,而且会使锉痕加粗。要折断玻璃管时,只要用两手的拇指抵住锉痕的背面,再稍用拉和弯折的合力,就可使玻璃管断开,如图1-13(b)。如果在锉痕上用水沾一下,则玻璃管更易断开。断口处应整齐。

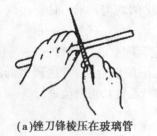

(a)锉刀锋棱压在玻璃管　　　　　　　　(b)玻璃管的折断

图1-13　玻璃管的截断

若需在玻璃管的近管端处进行截断,可先用锉刀在该处割一锉痕,再将一根末端拉细的玻璃棒在煤气灯的氧化焰上加热到红热(截断软玻璃管时)或白炽(截断硬质玻璃管时),使成珠状,然后把它压触到挫痕的端点处,挫痕会因骤然受强热而发生裂痕;有时裂痕迅速扩展成整圈,玻璃管即自行断开。若裂痕未扩展成一圈,可以逐次用烧热的玻璃棒的末端压触在裂痕的稍前处引导,直至玻璃管完全断开。实际上,只要待裂痕扩大至玻璃管周长的90%时,即可用两手稍用力将玻璃管向里挤压,玻璃管就会整齐地断开。玻璃管的断口很锋利,容易割破皮肤、橡皮管和塞子,故必须将断口在火焰中烧熔变光滑(圆口)。方法是将断口放在氧化焰的边缘,不断转动玻璃管,烧到管口微红即可。不可烧得太久,否则管口会缩小。熔烧后的玻璃管应放在石棉网上冷却,不要放在桌子上,以免烫坏桌面,也不要用手去摸,以免烫伤手。

3. 弯玻璃管

玻璃管的质地有软硬之分。软质玻璃管受热易软化,加热不宜过度,否则在弯管时易发生歪曲和瘪陷。硬质玻璃管需用较强的火焰加热。

弯玻璃管时,先在弱火焰中将玻璃管烤热,逐渐调节灯焰使成强火焰,然后两手持玻璃管,将需要弯曲处放在氧化焰(宜在淡蓝色的还原焰之上约 2 mm 处)中加热,同时两手等速缓慢地旋转玻璃管,以使受热均匀。为加宽玻璃管的受热面,可将玻璃管斜放在氧化焰中加热,或者在灯管上套一个扁灯头(鱼尾灯头,图 1-14)。当玻璃管受热部分发出黄红光而且变软,立即将玻璃管移离火焰,轻轻地顺势弯成一定的角度(图 1-15)。如果玻璃管要弯成较小的角度,可分几次弯成,以免一次弯得过多使弯曲部分发生瘪陷或纠结(图 1-16)。分次弯管时,各次的加热部位应稍有偏移,并且要等弯过的玻璃管稍冷后再重新加热,还要注意每次弯曲均应在同一平面上,不要使玻璃管变得歪曲。

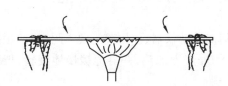

图 1-14　用鱼尾灯加热玻璃管

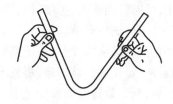

图 1-15　弯曲操作

在弯曲操作时,要注意以下几点:如果两手旋转玻璃管的速度不一致,则玻璃管会发生歪曲;玻璃管如果受热不够,则不易弯曲,并易出现纠结和瘪陷;如果受热过度,玻璃管的弯曲处管壁常常厚薄不均和出现瘪陷;玻璃管在火焰中加热时,双手不要向外拉或向里推,否则管径变得不均;在一般情况下,不应在火焰中弯玻璃管;弯好的玻璃管用小火烘烤一两分钟(退火处理)后,放在石棉网上冷却,不可将热的玻璃管直接放在桌面上或冷的金属铁台上。

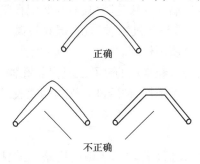

正确

不正确

图 1-16　弯成的玻璃管图

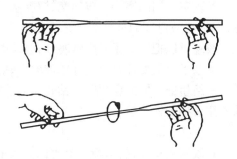

图 1-17　拉玻璃管

4. 拉制滴管

选择洗净烘干的管径为 6～7 mm 的玻璃管，截成约 200 mm 长一段，在煤气灯的氧化焰上加热管的中部，边加热边用两手等速地按同一方向慢慢地转动玻璃管。当开始烧软时，两手轻轻地稍向内挤，以加厚烧软处的管壁。当玻璃管烧成暗红色时，移离火焰，离开火焰稍停 1～2 s，趁热沿着水平方向慢慢拉制成适当直径的细管（图 1-17）；拉制时开始要慢，待拉到一定长度后快速拉伸。必须注意：两手边拉伸边往复转动玻璃管，使拉成的细管与原管处于同一轴线上。待稍冷后放在石棉网上冷却，然后用挫刀轻轻地截断细管。这样，一次可拉制成两只滴管。若细管与原玻璃管不处于同一轴线上，可将它再次拉伸，直到符合要求为止。滴管的细管口用黄色火焰烧平滑（圆口），而另一端于慢慢转动下在氧化焰上烧成暗红色，移离火焰，管口以垂直角度轻轻的摁到石棉网上（或用镊子向外翻口），然后放在石棉网上冷却。

5. 拉制熔点管

拉制熔点管最好使用干净烘干的管径为 10 mm 薄壁玻璃管或坏试管。像拉滴管一样，拉成管径为 1～1.2 mm 的毛细管。拉管时要密切注意毛细管的粗细，冷却后截成 100 mm 长，其两端在小火焰的边缘处封管。封闭的管底要薄，用时把毛细管在中间截断，就成为两根熔点管。

6. 拉制减压蒸馏用毛细管

要选用壁厚玻璃管。拉制方法与拉制熔点管相似，其要点在于拉伸时，动作要迅速。欲拉制细孔且不易断的毛细管，可用两次拉制法。先按拉制滴管的方法拉成管径为 1.5～2 mm 的细管，稍冷后截断之。然后将细管部分用小火焰烧软，移离火焰并快速拉伸。为检验毛细管是否合用，可向管内吹气，毛细管的管端在乙醚或丙酮溶液中会冒出一连串小气泡。

7. 烧制玻璃棒和玻璃钉

刚切割的玻璃棒，断口处很锋利，容易伤手和刮伤玻璃仪器，使用前需要"圆口"。根据需要切割好一定长度的玻璃棒，将其一端在分层火焰的外焰上加热，并等速缓慢地旋转，玻璃受热软化后，断口处逐渐变圆变光滑，冷却后烧制另一端。

烧制玻璃钉时同样操作，在玻璃受热软化后垂直在石棉网上，手拿玻棒中部，用力向下压，迅速使软化部分呈圆饼状，即得玻璃钉。

八、塞子钻孔

实验室常用的塞子有玻璃塞、橡胶塞、软木塞、塑料塞。玻璃塞一般是磨口的，与瓶配合紧密，但带有磨口塞的玻璃瓶不适合于装碱性物质。软木塞不易与有机物质作用，但易被碱腐蚀。胶塞可以把瓶塞紧又耐碱腐蚀，但易被强酸和某些有机物质所侵蚀。

当塞子上需要插入温度计或玻璃管时，就需要钻孔。实验室经常用的钻孔工具是钻孔器，它是一组粗细不同的金属管。钻孔器前端很锋利，后端有柄可用手握，钻后进入管内的橡胶或软木用带柄的铁条捅出。

1. 钻孔

在胶塞上钻孔，要选择一个比欲插入的玻璃管稍粗的钻孔器（若软木塞则要用略细的钻孔器）。先将塞子面积大的一面放在实验台上，用一只手按住塞子，另一只手握钻孔器的柄，在要求钻孔的位置上,用力向下压并向同一方向旋转钻孔器。当钻孔器进入塞子的深度大于塞子厚度一半时,将钻孔器反向旋转拔出,再把塞子翻过来,在大面的同一位置上,用钻孔器钻到两面相通为止。从两头钻孔时要保证孔道的轴心重叠,否则玻璃管和温度计是不能插入的,为了避免此种情况发生,可从胶塞小面一直打穿为止。

钻孔时钻孔器必须保持与塞子的底面垂直,以免将孔钻斜,为了减少摩擦力可在钻孔器上涂上甘油。对于软木塞,需先用压塞机压实,或用木板在实验台上压实,其余操作如前所述。

橡胶的摩擦力较大,为胶塞钻孔时一般用力较大,应注意安全,避免受伤。

2. 安装玻璃管

孔钻好后,将玻璃管前端用水或甘油润湿,转动着把管插入塞中合适的位置。注意手握管的位置应靠近塞子,不要用力过猛,以免折断玻璃管把手扎伤。可用毛巾等把玻璃管包上,防止扎伤。如果玻璃管很容易插入,说明塞子的孔过松不能用。若塞子的孔过小时可先用圆锉将孔锉大,然后再插入玻璃管。

九、气体钢瓶、减压阀及使用

1. 气体钢瓶及减压阀

气体钢瓶是储存压缩气体或液化气体的特制耐压钢瓶。实验室中常用它直接获得各种气体。使用时,通过减压(气压表)有控制地将气体放出。钢瓶是用无缝合金钢管或碳素钢管制成圆柱型容器,器壁很厚,内压很大,可高达 1.52×10^4 kPa,而有些气体易燃、易爆(如氢气)或有毒(如氯气),所以使用钢瓶一定要注意安全,操作要小心。

为了避免因气体混淆而用错气体,造成重大事故,通常在瓶外涂有特定颜色以示区别,瓶上还写明气体名称,表1-5列出我国气瓶常用标记。

表1-5 高压气体钢瓶颜色

气体名称	瓶身颜色	标字颜色
氮气	黑	黄
氧气	天蓝	黑
氢气	深绿	红
氨气	黄	黑
氯气	黄绿	白
二氧化碳	黑	黄
乙炔	白	红
压缩空气	黑	白
氩气	灰	绿
石油液化气	灰	红

钢瓶口内外壁均有螺纹,以连接钢瓶启闭阀门。钢瓶外还装有两个橡胶制的防震圈。为

了不使配件混乱,钢瓶阀门侧面接头具有左旋或右旋的连接螺纹,易燃气体钢瓶左旋,有毒气体和不燃气体右旋。使用高压钢瓶中的气体时,必须通过减压阀释放出来。不同气体的钢瓶配备有不同的减压阀。专用减压阀的颜色与钢瓶的颜色应该相同。减压阀一般不得混用,以防爆炸。安装时应注意减压阀与钢瓶螺纹的方向。最常用的减压阀为氧气减压阀,简称氧气表。氧气减压阀可在氮气或压缩空气的钢瓶上使用,而氮气减压器只有充分洗除油脂后,才能用在氧气钢瓶上。

氧气减压阀的高压腔与钢瓶连接,低压腔为气体出口,并通往使用系统。高压表的示值为钢瓶内贮存气体的压力,低压表的示值为出口压力并可由调节螺杆控制。使用时先打开钢瓶总开关,然后顺时针转动低压表压力调节螺杆,压缩主弹簧并传动薄膜、弹簧垫块和顶杆而将活门打开。进入的高压气体由高压室经节流减压后进入低压室,并经出口通往工作系统。转动调节螺杆,改变活门开启的高度,从而调节高压气体的通过量并达到所需的压力值。停止工作时,应将减压阀中余气放净,然后拧松调节螺杆以免弹性元件长久受压变形。减压阀应避免撞击振动,不可与腐蚀性物质相接触。

减压阀都装有安全阀,如果由于活门垫、活门损坏或由于其他原因,导致出口压力自行上升并超过一定许可值时,安全阀会自动打开排气。

2. 钢瓶安全使用注意事项

①钢瓶应存放在阴凉、干燥、远离热源(如阳光、暖气、炉火)处。可燃性气体和助燃气体气瓶,与明火的距离应大于 10 m。可燃性气体钢瓶必须与氧气钢瓶分开存放。

②使用高压钢瓶时,操作人员应站在与钢瓶接口处垂直的位置上。操作时严禁敲打撞击,并经常检查有无漏气,应注意压力表读数。

③氧气瓶或氢气瓶等,应配备专用工具,绝不可使油或其他易燃性有机物沾在钢瓶上(特别是钢瓶启闭阀和减压阀)。操作人员不能穿戴沾有各种油脂或易感应产生静电的服装手套操作,以免引起燃烧或爆炸。

④钢瓶直立放置时要加以固定。搬运时要避免敲击、撞击及滚动,应将减压器卸下,装上防震垫圈,旋紧安全帽,以保护钢瓶启闭阀。

⑤钢瓶内气体绝对不允许全部用尽,一定要保留 0.05 MPa 以上的残留压力(减压阀表压)。可燃性气体如乙炔应剩余 0.2 ~ 0.3 MPa,氢气应保留更高的压力,以防空气倒灌,待再充气或以后使用时发生危险。

⑥减压阀应避免撞击震动,不可与腐蚀性物质相接触。

第**2**部分
有机化学实验的实验技术和基本操作

一、有机化学反应的实施

实验1　回流和搅拌

1. 回流

　　有机化学反应通常很慢,且大多需要在体系沸腾条件下反应较长时间,为了不使反应物和溶剂的蒸汽逸出损失,需让反应在回流装置中进行,如图 2-1。图 2-1(a)是普通回流装置;图 2-1(b)中,球形冷凝管上端是装有块状无水 $CaCl_2$ 的干燥管,用以隔绝潮气;图 2-1(c)是带尾气吸收的回流装置,用于吸收反应生成有毒气体;图 2-1(d)是带分水器的回流装置。

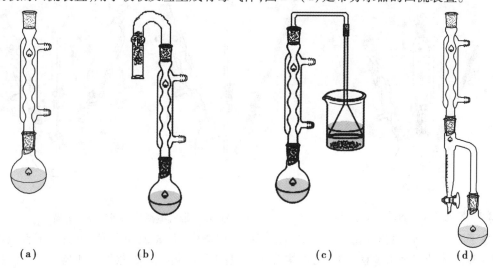

(a)　　　　　　(b)　　　　　　　　(c)　　　　　　(d)

图 2-1　回流反应装置

　　加热回流前应先加入沸石,防止液体暴沸。利用煤气灯加热石棉网上方空气进行加热时,烧瓶不能直接放在石棉网上,瓶底距离石棉网 0.5 ~ 1 cm;利用电热套加热时,烧瓶也不能直接放在石棉套上,瓶底需距离石棉套约 0.5 cm。回流时要注意对温度进行控制,回流速度控制在 1~2 滴/s 或液体蒸气浸润不超过球形冷凝管的第二个球。当回流温度高于 140 ℃时,须选用空气冷凝管。

2. 振荡与搅拌

为了促进物质的混合、溶解或加速化学反应的进行,往往需要对物料进行振荡或搅拌。在反应物量小,反应时间短,而且不需要加热或温度不太高的操作中,用手摇动容器就可达到充分混合的目的。用回流冷凝装置进行反应时,有时需作间歇的振荡。这时可采用振荡整个铁架台的方法使容器内的反应物充分混合。对那些需要用较长时间或在高温下进行搅拌的实验中,最好用电动机械搅拌或电磁搅拌,这样可节省人力,缩短反应时间。

当反应混合物固体量少且反应混合物不是很粘稠时,可采用电磁搅拌,图 2-2 是电磁搅拌回流同时滴加液体的反应装置。电磁搅拌是利用电动机来变换磁体的磁极方向,以遥控磁性转子旋转达到搅拌目的的方式。进行电磁搅拌的装置是电磁搅拌器(磁力搅拌器)。使用时,将放反应物的容器放在搅拌器机箱的圆盘上,转子则放在反应物中。接通电源后,容器内的转子就能转动。转动的速度可通过调速器来调节。

当反应混合物固体量很大或反应混合物很粘稠,利用电磁搅拌不能获得理想搅拌效果时,就需要采用电动机械搅拌。电动机械搅拌是利用电机带动各种型号的搅拌棒进行搅拌。图 2-3 是适合不同需要的几种机械搅拌装置。在装配机械搅拌装置时,可采用简单的橡皮管密封或液封管密封。用液封管密封时,搅拌棒与玻璃管或液封管应配合合适,不要太紧也不要太松,搅拌棒能在中间自由地转动;封管中装液体石蜡、甘油、汞或浓硫酸。对于没有特别要求的反应装置,选用橡皮管密封更为方便、简捷,容易操作;用橡皮管密封时,在搅拌棒和紧套的橡皮管之间用少量的凡士林或甘油润滑。

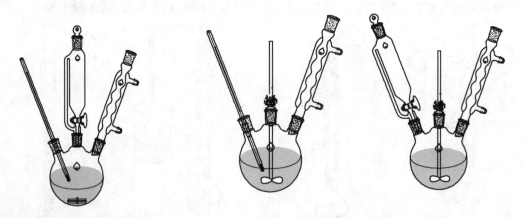

图 2-2　带电磁搅拌的回流反应装置　　　　图 2-3　带机械搅拌的回流反应装置

鉴于有机化学的实际情况,所使用的搅拌棒需要耐酸碱、腐蚀和高温,一般采用玻璃或包覆聚四氟乙烯的不锈钢等材料制成,有多种形式以满足不同的要求,如图 2-4 所示。

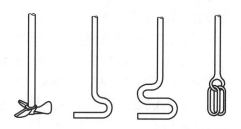

图 2-4　各种形式的搅拌棒

二、有机化合物的分离提纯

实验 2　固液分离

固液分离的方法有倾析法、过滤法和离心分离法三种。

1. 倾析法

如果沉淀的相对密度较大或晶体颗粒较大,静置后能较快沉降的,常用倾析法分离和洗涤沉淀。操作时将沉淀上部的清液缓慢沿玻璃棒倾入另一容器中,如图 2-5 所示。然后在盛沉淀的容器中加入少量洗涤液(如蒸馏水),充分搅拌后静置,待沉淀沉降后倾去洗涤液,重复 2～3 次即可将沉淀洗净。

图 2-5　倾析法过滤

2. 过滤法

最常用的固液分离方法是过滤法。

当溶液和固体的混合物通过过滤器(如滤纸或玻璃砂芯)时,沉淀留在过滤器上,溶液通过过滤器流入另一容器中。过滤后的溶液称滤液。

(1)滤纸的选择

实验时应根据具体要求选用合适类型和规格的滤纸,如 $BaSO_4$、$CaC_2O_4 \cdot 2H_2O$ 等细晶形沉淀,应选用"慢速"滤纸过滤;$Fe_2O_3 \cdot nH_2O$ 为胶状沉淀,应选用"快速"滤纸过滤;$MgNH_4PO_4$ 等粗晶形沉淀,应选用"中速"滤纸过滤。

(2)过滤方法选择

过滤方法又分常压过滤、减压过滤和热过滤三种。

①常压过滤(普通过滤)

在大气压下使用普通玻璃漏斗过滤的方法。沉淀物为胶体或微细晶体时,用此法过滤较好。

根据沉淀的具体情况选择适合的滤纸和漏斗。圆形滤纸对折两次成扇形,展开成圆锥形,一边为三层,一边为一层(图 2-6),用溶剂润湿滤纸,使滤纸与漏斗内壁紧贴。

漏斗应放在漏斗架上,下面用一个洁净的烧杯承接滤液,将漏斗颈出口斜口长的一侧贴紧烧杯内壁,以加快过滤速度,并防止滤液外溅。

过滤时,为了避免沉淀堵塞滤纸的空隙,影响过滤速度,一般采用倾析法过滤。首先倾斜

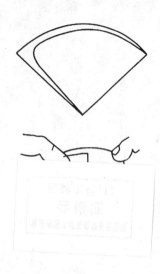

静置烧杯,待沉淀下降后,先采用倾析法先滤去尽可能多的清液,如果需要洗涤沉淀,可在溶液转移后,往盛沉淀的容器中加入洗涤液充分搅匀,待沉淀沉降后按倾析法倾出溶液,如此洗涤沉淀 2~3 次;然后把沉淀转移到漏斗上;最后清洗烧杯和洗涤漏斗上的沉淀。而不是一开始过滤就将沉淀和溶液搅混后过滤。

操作中注意让溶液沿玻璃棒在三层滤纸一侧倾入漏斗中,液面高度应低于滤纸 1~2 cm(图 2-7),玻璃棒下端尽可能接近滤纸,但不能接触滤纸。

过滤过程中暂停倾注时,应沿玻璃棒将烧杯嘴往上提,逐渐使烧杯直立,等玻璃棒和烧杯由相互垂直变为几乎平行时,将玻璃棒离开烧杯嘴而移入烧杯中。这样才能避免留在棒端及烧杯嘴上的液体流到烧杯外壁上。

沉淀用倾泻法洗涤后,在盛有沉淀的烧杯中加入少量洗涤液,搅拌混合,全部倾入漏斗中。然后用洗瓶小心冲洗烧杯壁上附着的沉淀,使之全部转移入漏斗中。

沉淀全部转移到滤纸上后,需对沉淀进行洗涤,以除去沉淀表面吸附的杂质和母液。洗涤时要用洗瓶由滤纸边缘稍下一些地方螺旋形向下移动冲洗沉淀,将沉淀集中到滤纸锥体的底部,不可将洗涤液直接冲到滤纸中央沉淀上,以免沉淀外溅。洗涤沉淀采用"少量多次"的方法,提高洗涤效率,每次使用少量洗涤液,尽量滤干后进行下一次洗涤。

②减压过滤(抽滤或真空过滤)

减压能加快过滤速度,也可将沉淀抽吸得比较干燥。胶体或细颗粒沉淀会透过滤纸或使滤纸堵塞,不能用减压过滤的方法分离沉淀。

减压过滤装置包括:布氏漏斗、抽滤瓶、安全瓶和减压泵,如图 2-8 所示。布氏漏斗管下端的斜面朝向抽滤瓶支管。滤纸应剪得比漏斗的内径略小,但能完全盖住所有的小孔。

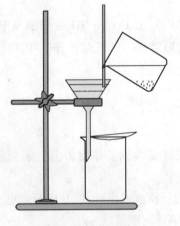

图 2-7　常压过滤

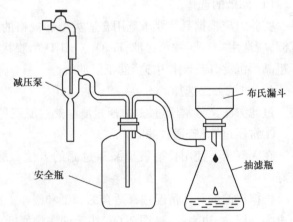

图 2-8　减压过滤

过滤时,应先用溶剂把平铺在漏斗上的滤纸润湿,然后开动水泵,使滤纸紧贴在漏斗上。小心地把要过滤的混合物倒入漏斗中,使固体均匀的分布在整个滤纸面上,一直抽到几乎没有液体滤出为止。为了尽量把液体除净,可用玻璃瓶塞压挤滤饼。在漏斗上洗涤滤饼的方法:把滤饼尽量地抽干、压干,拔掉抽气的橡皮管(或打开安全瓶上的阀门)通大气,恢复常压,把少量溶剂均匀地洒在滤饼上,以溶剂刚好盖住滤饼为宜。静置片刻,让溶剂渗透滤饼,待有滤液从漏斗下端滴下时,重新抽气,再把滤饼抽干、压干。这样反复几次,就可把滤饼洗净。必须记住:在停止抽滤时,应先拔去橡皮管(或将安全瓶上的玻璃阀打开)通大气,然后关闭水泵。取下漏斗,左手把握漏斗管,倒转,用右手"拍击"左手,使固体连同滤纸一起落入洁净的纸片或表面皿上,然后揭去滤纸。

强酸性或强碱性溶液过滤时,应在布氏漏斗上铺上玻璃布或涤纶布、氯纶布来代替滤纸。

对个别特殊性质的固液分离,需选用一些特殊的过滤器和材料,如玻璃砂芯漏斗(或坩埚)。

微孔玻璃漏斗(或坩埚)的滤板是用玻璃粉末在高温熔结而成的。1990 年前,我国微孔玻璃滤板按孔径大小(μm)分为 6 种型号:$G_1(80 \sim 120)$,$G_2(40 \sim 80)$,$G_3(15 \sim 40)$,$G_4(5 \sim 15)$,$G_5(2 \sim 5)$,$G_6(<2)$。1990 年后,我国微孔玻璃滤板的牌号以 P_n 表示,n 代表每级孔径(μm)的上限值,有 $P_{1.6}$,P_4,P_{10},P_{16},P_{40},P_{100},P_{160} 等规格。分析实验中常用 P_{40}(G3)和 P_{16}(G4)号微孔玻璃滤板,一般须用减压过滤法。

玻璃砂芯漏斗(或坩埚)在使用前,先用强酸(HCl 或 HNO_3)处理,然后再用水洗净。洗涤时在抽滤瓶瓶口配一块稍厚的橡皮垫,垫上挖一个圆孔,将微孔玻璃坩埚(或漏斗)插入圆孔中;再将强酸倒入微孔玻璃漏斗中,然后减压抽滤。抽滤结束时,应先通大气,再关闭减压泵,否则减压泵中的水会倒吸入抽滤瓶中。

微孔玻璃漏斗(或坩埚)不耐强碱,过滤强碱会损坏漏斗(或坩埚)的微孔。因此,不可用强碱处理,也不适于过滤强碱溶液。

过滤时,所用装置减压过滤装置相同,在减压抽滤下用倾析法进行过滤,具体操作与上述用滤纸过滤相同。

③热过滤

热过滤就是在普通玻璃漏斗外套上一个保温漏斗,其装置如图 2-9 所示。

某些热的饱和溶液在过滤时,由于温度降低,晶体很容易在滤纸上析出,使过滤发生困难,因此该种溶液就需要在保温的情况下进行过滤,即热过滤。

保温漏斗是铜制的,具有夹层和侧管。夹层内盛水,漏斗上有一注水口,侧管处可加热。保温漏斗内的玻璃漏斗的大小应与保温漏斗相匹配,且为短颈。

为了尽量利用滤纸的有效面积以加快过滤速度,过滤热的饱和溶液时,常使用折叠式滤纸,其折叠方法如图 2-10 所示。

先将滤纸一折为二,再折成四分之一,产生 2-4 折纹,然后将 1-2 的边沿折至 4-2,2-3 的边沿至 2-4 分别产生 2-5 和 2-6 两条新折纹。继续将 1-2 折向 2-6,2-3 折向 2-5,再得 2-7 和 2-8 的折纹。同样以 2-3 对 2-6,1-2 对 2-5 分别折出 2-9 和 2-10 的折纹。最后在八个等分的每小格中间以相反方向折成 16 等分,结果得到像折扇一样的排列。再在 1-2 和 2-3 处各向内折一小折面,展开后即得到折叠滤纸。在折纹集中的圆心处折时切勿重压,否则滤纸的中央在过滤时容易破裂。使用前应将折好的滤纸翻转并整理好再放入漏斗中,这样可避免被手弄脏的一面接触滤过的滤液。

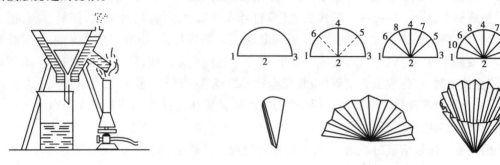

图 2-9　热过滤　　　　　　　　　　　图 2-10　折叠式滤纸

过滤时,先将夹套内的水加热,当到达所需温度时,将热的饱和溶液逐渐地倒入漏斗中;在漏斗中的液体仍不宜积得太多,以免析出晶体,堵塞漏斗;最好在漏斗上盖上一表面皿。

也可用布氏漏斗趁热进行减压过滤。为了避免漏斗破裂和在漏斗中析出晶体,最好先用热水浴或水蒸气浴,或在电烘箱中把漏斗预热,然后用来进行减压过滤。

实验 3　重结晶

使固体物质从溶液中析出的过程叫结晶。结晶的方法一般是把溶液进行加热,使溶液蒸发到一定浓度(或饱和溶液)后,再将溶液冷却,就会有晶体析出。

第一次结晶所得到的晶体纯度,往往不符合要求,需要加入一定溶剂进行溶解、蒸发和再结晶,这个过程称为重结晶。重结晶的一般过程是使待重结晶的物质在较高的温度(接近溶剂沸点)下溶于合适的溶剂里;趁热过滤以除去不溶杂质和有色的杂质(可加活性炭煮沸脱色);将滤液冷却,使晶体从过饱和溶液里析出,而可溶性杂质仍留在溶液里;然后进行减压过滤,把晶体从母液中分离出来;洗涤晶体以除去吸附在晶体表面上的母液。

1. 溶剂的选择

进行重结晶的关键是选择合适的溶剂。在选择溶剂时,必须考虑被溶解物质的成分和结构,相似的物质相溶。例如,含羟基的物质一般都能或多或少地溶解在水里,高级醇(由于碳链的增长)在水中的溶解度就显著地减小,而在乙醇和碳氢化合物中的溶解度就相应地增大。

进行重结晶用的溶剂必须具备以下条件:

①不与重结晶的物质发生化学反应;

②在高温时,重结晶物质在溶剂中的溶解度较大,而在低温时则小;

③杂质的溶解度或是很大(待重结晶物质析出时,杂质仍留在母液里)或是很小(待重结晶物质溶解在溶剂里,借过滤除去杂质);

④容易和重结晶物质分离;

⑤沸点必须低于重结晶物质的熔点;

⑥能给出较好的晶体;

⑦要适当考虑溶剂的毒性、易燃性、价格和溶剂回收等。

常用的溶剂及其沸点列于表 2-1。

表 2-1 重结晶常用溶剂及其沸点

溶 剂	沸点/℃	溶 剂	沸点/℃	溶 剂	沸点/℃
水	100	二硫化碳	46.5	甲苯	110.6
甲醇	65	丙酮	56	粗汽油	90 ~ 150
乙醇	78	二氯甲烷	40	轻石油醚	30 ~ 60
乙醚	34.5	氯仿	61.7	中石油醚	60 ~ 90
乙酸乙酯	77	四氯化碳	76.5	重石油醚	90 ~ 120
冰乙酸	118	苯	80	乙腈	81

根据实际需要,溶剂可选用单一溶剂和混合溶剂;溶剂的具体选定往往需采用试验的方法确定。

对单一溶剂,可取 0.1 g 固体样品置于干净的小试管中,用滴管逐滴滴加某一溶剂,并不断振摇,当加入溶剂的量达 1 ml 时,可在水浴上加热,观察溶解情况,若该物质(0.1 g)在 1 ml 冷的或温热的溶剂中很快全部溶解,说明溶解度太大,此溶剂不适用。如果该物质不溶于 1 ml 沸腾的溶剂中,则可逐步添加溶剂,每次约 0.5 ml,加热至沸,若加溶剂量达 3 ml,而样品仍然不能全部溶解,说明溶剂对该物质的溶解度太小,必须寻找其他溶剂。若该物质能溶于 1 ~ 3 ml 沸腾的溶剂中,冷却后观察结晶析出情况,若没有结晶析出,可用玻璃棒摩擦液面下的管壁或者辅以冰盐浴冷却,促使结晶析出。若晶体仍然不能析出,说明此固体在该溶剂中的溶解度很大,不宜选该溶剂作重结晶。最后综合几种溶剂的实验数据,根据析出晶体的量和纯度,确定一种比较适宜的溶剂。

对混合溶剂可将优良溶剂与不良溶剂按各种不同的比例相混合,分别像单一溶剂那样试验,选出一种最佳的配比。或先将样品溶于沸腾的优良溶剂中,趁热过滤除去不溶性杂质,然后逐滴滴入热的不良溶剂并摇振之,直至浑浊不再消失为止;然后滴加少许优良溶剂并加热使之溶解变清,放置冷却使结晶析出。如冷却后析出油状物,则需调整比例再进行实验或另换别的混合溶剂。常用的混合溶剂有乙醇—水、甲醇—乙醚、苯—乙醚等。

2. 操作方法

(1)溶解

通常选择在锥形瓶中进行重结晶,因为这样便于取出生成的晶体。使用易挥发或易燃的溶剂时,为了避免加热溶样时溶剂的挥发和发生着火事故,应给锥形瓶装上回流冷凝管,溶剂可由冷凝管上口加入。先加入少量溶剂和 1 ~ 2 粒沸石,加热至沸腾后,用滴管自冷凝管顶端分次补加溶剂,直至样品全溶。溶剂不可一下子加得太多,以免过量,造成被提纯物的损失。由于抽滤时有部分溶剂挥发,一般饱和溶液制成后,再过量 15% ~ 20% 溶剂。但应注意,不要因为重结晶的物质中含有不溶解的杂质而加入过量的溶剂。除高沸点溶剂外,一般都在水浴上加热。必须注意:在加入可燃性溶剂时,要先熄火,防止着火事故的发生。

(2)脱色与热过滤

所得到的热饱和溶液,如果含有不溶的杂质,应趁热把这些杂质过滤除去。溶液中存在的有色杂质,一般可利用活性炭脱色。活性炭的用量,以能完全除去颜色为度。为了避免过量,应分成小量逐次加入。并要注意先让溶液稍冷后才加活性炭,并须不断搅动,以免发生暴沸。加完活性炭,需煮沸一段时间才能达到脱色效果。活性炭用量为粗品的 1% ~5% 。不宜加多,以免吸附部分产品。过滤可采用保温漏斗或布氏漏斗热过滤。应选用优质滤纸,以免活性炭透过滤纸进入滤液中。过滤时,可用表面皿覆盖漏斗(凸面向下),以减少溶剂的挥发。

(3)冷却结晶

将热滤液缓慢冷却,溶解度减小,溶质即可部分析出。结晶的关键是控制冷却速度,使溶质真正成为晶体析出并长到适当大小,所得的晶体比较纯净。如果溶液浓度较大、冷却较快、剧烈搅拌时,析出的晶体很细,总表面积大,表面上吸附或黏附的母液总量也较多,晶体纯度和质量往往不好。但晶粒也不是越大越好,因为过大的晶体中可能包夹母液。通常控制冷却速度使晶体在数十分钟至十数小时内析出,而不是在数分钟或数周内析出,析出的晶粒直径在 1.5 mm 左右为宜。一般可将热滤液置于热水浴中随同热水一起缓缓冷却。

在冷却结晶时,有时会出现过饱和现象,即溶液已达到过饱和状态,仍不析出结晶。遇到这种情况,可用玻璃棒摩擦器壁或投入晶种(即同种溶质的晶体),帮助形成晶核。若没有晶种,也可用玻璃棒蘸一点溶液,让溶剂挥发得到少量结晶,再将该玻璃棒伸入溶液中搅拌,该晶体即作为晶种,使结晶析出。在冰箱中放置较长时间,也可使结晶析出。

晶体析出后,用布氏漏斗进行减压过滤。晶体用少量溶剂洗涤,抽干溶剂,最后采用适当的方法对晶体进行干燥。

在重结晶操作中,一般都需要用相当量的溶剂。用有机液体作溶剂时,应考虑溶剂的回收,把使用过的溶剂倒入指定的溶剂回收瓶中。

实验4 升 华

1. 基本原理

升华的严格定义是指自固态不经过液态而直接转变成蒸气的现象。化学实验操作中,升化是指纯化固体物质的一种手段。

一些物质有较高的蒸气压,加热时固体态不经过液态而直接气化,蒸气冷却又直接凝华为固体,从而达到提纯化该固体物质的目的,该方法称为升华。

由物质气、液、固三相平衡的关系可知,升华操作应在三相点的温度以下进行。不同的物质在其三相点以下的蒸气压是不一样的,其升华难易程度也不相同。升华要求固体物质在其熔点温度下具有相当高(高于 20 mmHg)的蒸气压,这是升华提纯的必要条件。

一般说来,分子对称性较高的固态物质,具有较高熔点,且在熔点温度下具有较高的蒸气压,就可利用升化操作进行纯化。

由升华所得的固体物质往往具有较高的纯度,所以升华常用来纯化固体有机化合物。如:樟脑,三相点温度(179 ℃)下蒸气压为 370 mmHg,由于它在未达到熔点以前就具有相当高的蒸气压,所以只要缓缓加热,使温度维持在 179 ℃以下,就可升华纯化。

应该注意的是,若加热过快,蒸气压超过三相点的平衡压力,固体则会熔化为液体。因此升华加热应该缓慢进行。

2. 升华操作

一个简单的升华装置是由一个瓷蒸发皿和一个覆盖其上的漏斗所组成,如图 2-11 所示。粗产物放置在蒸发皿中,上面覆盖一张穿有许多小孔的滤纸,用棉花疏松地塞住漏斗管,以减少蒸气逃逸。然后缓慢加热(最好能用砂浴或其他热浴),控制好温度,缓慢升华,防止碳化。蒸气通过滤纸小孔上升,冷却凝结在滤纸上或漏斗壁上。必要时漏斗外壁可用湿布冷却。

对于常压下不能升华或升华很慢的一些物质,常常在减压下进行升华。减压升华装置如图 2-12 所示,外面大套管可抽真空,固体物质放在大套管的底部。中间小管作为冷凝管可通水或空气,升华物质冷凝在小管的外面。减压升华一般在水浴或油浴中加热。

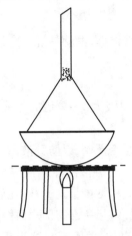

图 2-11　常压升华装置图

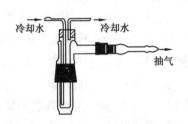

图 2-12　减压升华装置

实验 5　萃取和洗涤

1. 基本原理

萃取和洗涤是利用物质在不同溶剂中的溶解度不同来进行分离、提取或纯化的操作。

萃取和洗涤在原理上是一样的,只是目的不同。从混合物中抽取所需要的物质,叫萃取或提取;从混合物中除去不需要的杂质,叫洗涤。

萃取是利用物质在两种互不相溶的溶剂中溶解度或分配比的不同来达到分离、提取或纯化目的的一种操作。根据分配定律,在一定温度下,有机物在两种溶剂中的浓度之比为一常数。即:

$$\frac{C_A}{C_B} = K \quad C_A, C_B$$ 分别为物质在溶剂 A 和溶剂 B 中的溶解度,K 为分配系数。

利用分配系数的定义式可计算每次萃取后,溶液中的溶质的剩余量。

设 V 为被萃取溶液的体积(ml),近似看作与溶剂 A 的体积相等(因溶质的量不多,可忽略)。

W_0 为被萃取溶液中溶质的总质量(g),S 为萃取时所用溶剂 B 的体积(ml),W_1 为第一次萃取后溶质在溶剂 A 中的剩余量(g),$(W_0 - W_1)$ 为第一次萃取后溶质在溶剂 B 中的含量(g)。

则：
$$\frac{W_1/V}{(W_0 - W_1)/S} = K$$

经整理得：$W_1 = \dfrac{KV}{KV + S} \cdot W_0$

设 W_2 为第二次萃取后溶质在溶剂 A 中的剩余量(g)，

同理：
$$W_2 = \frac{KV}{KV + S} \cdot W_1 = \left(\frac{KV}{KV + S}\right)^2 \cdot W_0$$

设 W_n 为经过 n 次萃取后溶质在溶剂 A 中的剩余量(g)，则：
$$W_n = \left(\frac{KV}{KV + S}\right)^n \cdot W_0$$

因为上式中 $KV/(KV + S)$ 一项恒小于 1，所以 n 越大，W_n 就越小，也就是说一定量的溶剂分成几份多次萃取，其效果比用全部量溶剂做一次萃取为好。

2. 从液体中萃取

液体萃取最通常的仪器是分液漏斗，一般选择容积较被萃取液大 1～2 倍的分液漏斗，漏斗内加入的液体量不能超过容积的 3/4。

分液漏斗使用前必须检漏，即检查分液漏斗的盖子和旋塞是否严密，以防分液漏斗在使用过程中发生泄漏而造成损失(检查的方法通常是先用水试验)。若分液漏斗漏液或玻璃旋塞不灵活，应拆下旋塞，擦干旋塞和内壁，涂抹凡士林。方法是用玻棒粘少量凡士林，在旋塞粗的一端轻轻抹一下，注意不要涂多，也不要抹到旋塞的小孔里；在旋塞另一端，凡士林抹在旋塞槽内壁上；然后将旋塞插入槽内，向同一方向转动旋塞，直至旋转自如，关闭不漏液为止，此时旋塞部位呈现透明。再用小像皮圈套住旋塞尾部的小槽，防止旋塞滑脱。

图 2-13　分液漏斗的使用

在萃取或洗涤时，先将液体与萃取使用的溶剂(或洗液)由分液漏斗的上口倒入，盖好盖子，振荡漏斗，使两液层充分接触。振荡的操作方法一般是先把分液漏斗倾斜，使漏斗的上口略朝下，如图 2-13 所示，右手捏住漏斗上口颈部，并用食指根部压紧盖子，以免盖子松开，左手握住旋塞；握持旋塞的方式既要防止振荡时旋塞转动或脱落，又要便于灵活地旋开旋塞。振荡后，令漏斗仍保持倾斜状态，缓慢地旋开旋塞(朝无人处)，放出蒸气或产生的气体，使内外压力平衡；若在漏斗内盛有易挥发的溶剂，如乙醚、苯等，或用碳酸钠溶液中和酸液，振荡后，更应注意及时旋开旋塞，放出气体。振荡数次后，将分液漏斗放在铁环上静置之，使乳浊液分层。有时有机溶剂和某些物质的溶液一起振荡，会形成较稳定的乳浊液。在这种情况下，应避免急剧振荡。如果已形成乳浊液，且一时又不易分层，则可加入食盐，使溶液饱和，以减少乳浊液的稳定性；轻轻地旋转漏斗，也可使其加速分层。在一般情况下，长时间静置分液漏斗，也可达到使乳浊液分层的目的。

分液漏斗中的液体分成清晰的两层后，就可以进行分离。下层液体应经旋塞放出，先把顶上的盖子打开(或旋转盖子，使盖子上的凹缝或小孔对准漏斗上的小孔，以便与大气相通)，把分液漏斗的下端靠在接受器的壁上，旋开旋塞，让液体流下，当分界面接近旋塞时，关闭旋塞，静置片刻,这时下层液体往往会增多一些,再把下层液体仔细地放出（如有絮状物,也应将其放出）。然后把剩下的上层液体从上口倒出,不可经旋塞放出,否则漏斗旋塞下面茎部所附着的残液就会把上层液体弄脏。

在萃取或洗涤时,上下层液体都应保留到实验完毕时。否则,如果中间的操作失误,便无法补救和检查。在萃取过程中,将一定量的溶剂分做多次萃取,其效果比一次萃取为好。

3.从固体混合物中萃取

从固体混合物中萃取所需要的物质,最简单的方法是把固体混合物先行研细,放在容器里,加入适当溶剂,用力振荡,然后用过滤或倾析的方法把萃取液和残留的固体分开。若被提取的物质特别容易溶解,也可以把固体混合物放在放有滤纸的锥形玻璃漏斗中,用溶剂洗涤。这样,所要萃取的物质就可以溶解在溶剂里,而被滤取出来。

图 2-14　索氏提取器

如果萃取物质的溶解度很小,用洗涤方法要消耗大量的溶剂和很长的时间。在这种情况下,一般用索氏提取器（脂肪提取器）来萃取（图 2-14）。索氏提取器是利用溶剂回流和虹吸原理,使固体物质每一次都能被纯的溶剂所萃取,因而效率较高。使用时,首先把滤纸做成与提取器大小相适应的套袋,然后把研细固体混合物放置在纸套袋内,装入提取器内。溶剂沸腾后,其蒸气从烧瓶进到冷凝管中经冷凝后滴入提取器中,浸泡固体粉末以达到萃取的目的,当液面超过虹吸管上端,则虹吸流回烧瓶。溶剂在仪器内循环流动,把所要提取的物质富集到下面的烧瓶里。提取液浓缩后,将所得固体进一步提纯。

脂肪提取器为配套仪器,其任一部件损坏将会导致整套仪器的报废,特别是虹吸管极易折断,所以使用过程中须特别小心。

实验 6　有机化合物的干燥

有机化学实验中,为除去原料和粗产品中的少量水分,通常需要干燥。干燥是指除去固体、液体或气体内少量水分的操作,是有机化学实验室中既普通又重要的一项操作。

干燥方法可分为物理方法与化学方法两种。物理方法有吸附、共沸蒸馏、分馏、冷冻干燥、加热和真空干燥等。化学方法按去水作用的方式又可分为两类:一类与水能可逆地结合生成水合物,如氯化钙、硫酸钠等;一类与水会发生剧烈的化学反应,如金属钠、五氧化二磷等。

1.固体的干燥

为了进行产率计算、结构表征、物理鉴定,固体产物中的水分和有机溶剂必须除尽。

（1）晾干

将待干燥的固体放在表面皿上或培养皿中,尽量平铺成一薄层,再用滤纸或培养皿覆盖上,以免灰尘沾污,然后在室温下放置到干燥为止,适用于除去低沸点溶剂。

（2）红外灯干燥

热稳定性好又不易升华的固体中如含有不易挥发的溶剂时,为了加速干燥,常用红外灯干燥。

（3）烘箱烘干

烘箱用来干燥无腐蚀、无挥发性、加热不分解的物质。严禁将易燃、易爆物放在烘箱内烘烤，以免发生危险。采用红外灯和烘箱干燥有机化合物，要慎之又慎，必须清楚了解化合物的性质，特别是热稳定性。否则会造成有机化合物分解、氧化、转化等严重问题。

（4）真空加热干燥

对高温下易分解、聚合和变质，以及加热时对氧气敏感的有机化合物，可采用专门的真空加热干燥箱进行干燥。将干燥物料置于真空条件下加热干燥，并利用真空泵进行抽气、抽湿，加快干燥速率。如果没有特别要求，尽量采用循环水真空泵而不用油泵进行抽湿。

（5）真空冷冻干燥

对于受热时不稳定物质，可利用特殊的真空冷冻干燥设备，在水的三相点以下，即在低温低压条件下，使物质中的水分冻结后升华而脱去。但是该方法设备昂贵，运行成本高，普通实验室很少采用。

2. 液体的干燥

从水溶液中分离出的液体有机物，常含有许多水分，如不干燥脱水，直接蒸馏将会增加前馏分造成损失，另外产品也可能与水形成共沸混合物而无法提纯，影响产品纯度。有机液体的干燥，一般是直接将干燥剂加入到液体中，除去水分。干燥后的有机液体，需蒸馏纯化。

（1）液体干燥剂的类型

按脱水方式不同可分为三类：

①硅胶、分子筛等物理吸附干燥剂。

②氯化钙、硫酸镁、碳酸镁等通过与水的可逆结合，形成水合物而达到干燥目的。

③金属钠、P_2O_5、CaO 等通过与水发生化学反应，生成新化合物而起到干燥除水的作用。

前两类干燥剂干燥的有机液体，蒸馏前须滤除干燥剂，否则吸附或结合的水加热又会放出而影响干燥效果；第三类干燥剂在蒸馏时不用滤除。

（2）常用干燥剂及选择原则

常用干燥剂的性能与应用范围见表 2-2。选用干燥剂的原则是：

①干燥剂不能与待干燥的液体发生化学反应。如无水氯化钙与醇、胺类易形成配合物，因而不能用来干燥这两类化合物；又如碱性干燥剂不能干燥酸性有机化合物。

②干燥剂不能溶解于所干燥的液体。

③充分考虑干燥剂的干燥能力，即吸水容量、干燥效能和干燥速度。吸水容量是指单位质量干燥剂所吸收的水量，而干燥效能是指达到平衡时仍旧留在溶液中的水量。常先用吸水容量大的干燥剂除去大部分水分，然后再用干燥效能强的干燥剂。

（3）液体干燥操作

加入干燥剂前必须尽可能将待干燥液体中的水分分离干净，不应有任何可见的水层及悬浮的水珠，并置于锥形瓶中。干燥剂研细为大小合适的颗粒。干燥剂用量不能太多，否则将吸附液体，引起更大的损失。干燥剂分批少量加入，每次加入后须不断旋摇观察一段时间，如此操作直到液体由混浊变澄清，干燥剂也不黏附于瓶壁，振摇时可自由移动，说明水分已基本除去,此时再加入过量10% ~20%的干燥剂,盖上瓶盖静置即可。静置干燥时间应根据液体量及含水情况而定,一般需 0.5 h 左右。干燥彻底的液体,外观澄清透明,使用时应滤除其中的干燥剂。

表 2-2　常用干燥剂的性能与应用范围

干燥剂	吸水作用	酸碱性	效　能	干燥速度	应用范围
氯化钙	$CaCl_2 \cdot nH_2O$ $n = 1,2,4,6$	中性	中等	较快,但吸水后表面为薄层液体所覆盖,应放置较长时间	能与醇、酚胺、酰胺及某些醛、酮、酯形成配合物,因而不能用于干燥这些化合物
硫酸镁	$MgSO_4 \cdot nH_2O$ $n = 1,2,4,5,6,7$	中性	较弱	较快	应用范围广,可代替 $CaCl_2$,并可用于干燥酯、醛、酮、腈、酰胺等不能用 $CaCl_2$ 干燥的化合物
硫酸钠	$Na_2SO_4 \cdot 10H_2O$	中性	弱	缓慢	一般用于有机液体的初步干燥
硫酸钙	$2CaSO_4 \cdot H_2O$	中性	强	快	中性,常与硫酸镁(钠)配合,作最后干燥之用
碳酸钾	$K_2CO_3 \cdot \frac{1}{2}H_2O$	弱碱性	较弱	慢	干燥醇、酮、醋、胺及杂环等碱性化合物;不适于酸、酚及其他酸性化合物的干燥
氢氧化钾(钠)	溶于水	强碱性	中等	快	用于干燥胺、杂环等碱性化合物;不能用于干燥醇、醛、酮、酸、酚等
金属钠	$Na + H_2O \rightarrow$ $NaOH + \frac{1}{2}H_2$	碱性	强	快	限于干燥醚、烃类中的痕量水分。用时切成小块或压成钠丝
氧化钙	$CaO + H_2O \rightarrow$ $Ca(OH)_2$	碱性	强	较快	适于干燥低级醇类
五氧化二磷	$P_2O_5 + 3H_2O$ $\rightarrow 2H_3PO_4$	酸性	强	快,但吸水后表面为粘浆液覆盖,操作不便	适于干燥醚、烃、卤代烃、腈等化合物中的痕量水分;不适用于干燥醇、酸、胺、酮等
分子筛	物理吸附	中性	强	快	适用于各类有机化合物干燥

干燥时如出现下列情况,要进行相应处理:

①干燥剂互相粘结,附于器壁上,说明干燥剂用量过少,干燥不充分,需补加干燥剂。

②容器底部出现白色浑浊层,说明有机液体含水太多,干燥剂已大量溶于水。此时须将水层分出后再加入新的干燥剂。

③粘稠液体的干燥应先用溶剂稀释后再加干燥剂。

④未知物溶液的干燥,常用中性干燥剂干燥,例如,硫酸钠或硫酸镁。

实验7 蒸 馏

1.简单蒸馏原理

蒸馏(又称简单蒸馏)是分离和提纯液体物质的最常用的方法。将液体混合物加热至沸腾,使液体变为蒸气,再冷凝蒸气,并在另一容器收集液体的操作过程。利用蒸馏方法,不仅可以把挥发性物质与不挥发性物质分离,还可以把沸点不同的物质以及有色的杂质等分离。

由于分子运动,液体的分子有从表面逸出的倾向,这种倾向随着温度的升高而增大,进而在液面上部形成蒸气。当分子由液体逸出的速度与分子由蒸气中回到液体中的速度相等,液面上的蒸气达到饱和,称为饱和蒸气。饱和蒸气的压力称为蒸气压。一定组成的液体,其蒸气压只与温度有关,随温度的升高,液体的蒸气压增大。

当液体的蒸气压增大到与外压(通常是大气压力)相等时,就有大量气泡从液体内部逸出,液体沸腾。这时的温度称为液体的沸点。液体化合物的蒸气压只与体系的温度和组成有关,而与体系的总量无关。液体的蒸气压随温度升高而增大,当蒸气压大到与外界压力相等时,就有大量气泡从液体内部逸出,这种现象叫沸腾。沸腾时的温度称为液体的沸点。液体的沸点与外界压力有关,外界压力越低,沸点越低;外界压力越高,沸点越高。通常说的沸点是指标准大气压 101.325 kPa (760 mmHg)下液体沸腾的温度,即正常沸点。

在同一压力下,物质的沸点不同,其蒸气压也不相同,低沸点物质的蒸气压大,高沸点物质的蒸气压小。因此,当液体混合物沸腾时,蒸气组成和原液体混合物的组成不同。低沸点组分的蒸气压大,它在蒸气中的摩尔组成大于其原液体混合物中的摩尔组成;反之,高沸点组分在蒸气中的摩尔组成则小于原液体混合物中的摩尔组成。将逸出的蒸气冷凝为液体时,则冷凝液的组成与蒸气组成相同,冷凝液中含有较多的低沸点组分,而留在蒸馏瓶中的液体则含有较多的高沸点组分。原混合物中各组分的沸点相差越大,分离效果越好。通常两组分沸点差大于 30 ℃就可采用蒸馏进行分离。

在通常情况下,纯净的液体在一定条件下具有一定的沸点。如果在蒸馏过程中,沸点发生变动,那就说明物质不纯。因此可借助蒸馏的方法来测定物质的沸点和定性地检验物质的纯度。但是具有固定沸点的液体不一定都是纯化合物,因为某些化合物往往能和其他组分形成二元或三元恒沸混合物,它们也有一定的沸点。因此,不能认为沸点一定的物质都是纯物质。

2.简单蒸馏装置

蒸馏装置主要包括蒸馏烧瓶、冷凝管和接受器三部分。

蒸馏烧瓶是蒸馏时最常用的仪器,它由圆底烧瓶和蒸馏头组成。选用什么样大小的圆底烧瓶,应由所蒸馏的液体的体积来决定。通常所蒸馏的液体的体积应占圆底烧瓶容量的1/3 ~ 2/3。如果装入的液体量过多,当加热到沸腾时,液体可能冲出,或者液体飞沫被蒸气带出,混入馏出液中;如果装入的液体量太少,在蒸馏结束时,相对地会有较多的液体残留在圆底烧瓶内蒸不出来。

蒸馏装置的装配方法如下。在铁架台上,首先根据热源高度固定好圆底烧瓶的位置,装上蒸馏头。把温度计插入螺口接头中,螺口接头装配到蒸馏头上磨口,调整温度计的位置,务使在蒸馏时它的水银球能完全为蒸气所包围。这样才能正确地测量出蒸气的温度。通常温度计

水银球的上端应恰好位于蒸馏头支管的底边
所在的水平线上(图 2-15)。在另一铁架台
上,用铁夹夹住冷凝管的中上部,调整铁台和
铁夹的位置,使冷凝管的中心线和蒸馏头支
管的中心线在一条直线上,移动冷凝管,把蒸
馏头的支管和冷凝管严密地连接起来,铁夹
应调节到正好在冷凝管的中央部位。再装上
接引管和接受器。在蒸馏挥发性小的液体
时,也可不用接引管。在同一实验桌上装置
几套蒸馏装置且相互间的距离较近时,每两

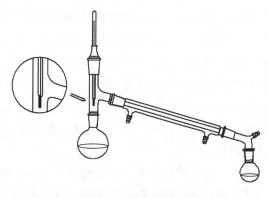

图 2-15　普通蒸馏装置

套装置的相对位置必须是蒸馏烧瓶对蒸馏烧瓶,或是接受器对接受器;避免使一套装置的蒸馏
烧瓶与另一套装置的接受器紧密相邻,这样有着火的危险。

　　如果蒸馏出的物质易受潮分解,可在接引管上连接一个氯化钙干燥管,以防止湿气的侵
入;如果蒸馏的同时还放出有毒气体,则需装配气体吸收装置。

　　如果蒸出的物质易挥发、易燃或有毒,则可在接受器上连接一长橡皮管,通入水槽的下水
管内或引出室外。

　　要把反应混合物中挥发性物质蒸出时,可用一根 75°弯管把圆底烧瓶和冷凝器连接起来
(图 2-16)。当蒸馏沸点高于 140 ℃的物质时,应该换用空气冷凝管(图 2-17)。

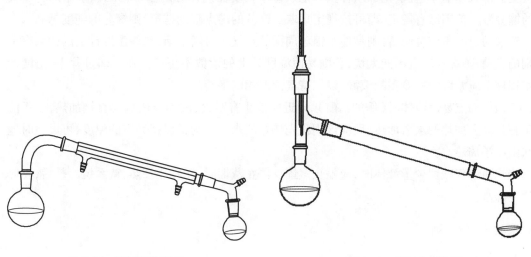

图 2-16　普通蒸馏装置　　　　　　　　　　　　图 2-17　普通蒸馏装置

3. 蒸馏操作

　　蒸馏装置安装好后,取下温度计接头,把要蒸馏的液体经长径漏斗倒入圆底烧瓶里。漏斗
的下端须伸到蒸馏头支管的下面。若液体里有干燥剂或其他固体物质,应在漏斗上放滤纸,或
放一小撮松软的棉花或玻璃毛等,以滤去固体;若液体较少时,可直接用倾斜法小心将液体倒
入圆底烧瓶里,如果用滤纸过滤,将要损失较多的液体。操作方法是把圆底烧瓶取下来,把液
体小心地倒入圆底烧瓶里。

　　加热前需往圆底烧瓶投入 2～3 粒沸石。沸石是把未上釉的瓷片敲碎成半粒米大小的小

粒。沸石的作用是防止液体暴沸,使沸腾保持平稳。当液体加热到沸点时,沸石产生细小的气泡,成为沸腾中心。在持续沸腾时,沸石可以继续有效;如果中途停止加热,那么在再次加热蒸馏时,应补加新的沸石。如果事先忘记加入沸石,则决不能在液体加热到近沸腾时补加,因为这样往往会引起剧烈的暴沸,使部分液体冲出瓶外,有时还会发生着火事故。应该待液体冷却一段时间后,再行补加。如果蒸馏液体很粘稠或含有较多的固体,加热时很容易发生局部过热和暴沸现象,加入的沸石也往往失效。在这种情况下,可以选用适当的热浴加热,例如,可用油浴或电热包。

选用合适的热浴加热或在石棉网上加热,要根据蒸馏液体的沸点、粘度和易燃程度等情况来决定。利用煤气灯加热石棉网空气进行加热时,蒸馏烧瓶不能直接放在石棉网上,瓶底应距离石棉网 $0.5 \sim 1$ cm。

用套管式冷凝管时,套管中应通自来水,自来水用橡皮管接到下端的进水口,从上端出来,用橡皮管导入下水道。

加热前,应再次检查仪器是否装配严密,必要时,应做最后调整。开始加热时,可以让温度上升稍快些。开始沸腾时,应密切注意蒸馏烧瓶中发生的现象;当冷凝的蒸气环由瓶颈逐渐上升到温度计水银球的周围时,温度计的水银柱就很快地上升。调节火焰或浴温,使从冷凝管流出液滴的速度为 $1 \sim 2$ 滴/s。应当在实验记录本上记录上第一滴馏出液滴入接受器时的温度。当温度计的读数稳定时,另换接受器集取。如果温度变化较大,须多换几个接受器集取。所用的接受器都必须洁净,且事先都须称量。记录每个接受器内馏分的温度范围和重量。若要集取的馏分温度范围已有规定,即可按规定集取。馏分的沸点范围越窄,则馏分的纯度越高。

蒸馏的速度不应过慢,否则易使水银球周围的蒸气短时间中断,致使温度计上的读数有不规则的变动;蒸馏速度也不能太快,否则易使温度计上的读数不正确。在蒸馏过程中,温度计的水银球上应始终附有冷凝的液滴,以保持气液两相的平衡。

蒸馏低沸点易燃液体时(例如乙醚),附近应禁止有明火,决不能用灯火直接加热,也不能用正在灯火上加热的水浴加热,而应该用预先热好的水浴。为了保持必需的温度,可以适时地向水浴中添加热水。

当烧瓶中仅残留少量液体时,应停止蒸馏。停止蒸馏时,先停止加热,待系统冷却后,再停止通冷却水。

实验 8　分　馏

1. 分馏基本原理

分馏是分离提纯液体有机混合物的沸点相差较小的组分的一种重要方法,是应用分馏柱使液体混合物进行反复多次的气化与冷凝(相当于多次蒸馏),从而达到分离不同组分的操作过程。

液体混合物中的各组分,若其沸点相差很大,可用普通蒸馏法分离开;若其沸点相差不太大,用普通蒸馏法则难以精确分离,而应当用分馏的方法分离。

如果两种挥发性液体的混合物进行蒸馏,在沸腾温度下,其气相与液相达成平衡,出来的蒸气中含有较多量易挥发物质的组分。将此蒸气冷凝为液体,其组成与气相组成等同,即含有较多的易挥发组分,而残留物中含有较多的高沸点组分。这就是进行了一次简单的蒸馏。如果将蒸气冷凝成的液体重新蒸馏,即又进行一次气液平衡,再度产生的蒸气中所含的易挥发物质组分又有所增高,同样,将此蒸气再经过冷凝而得到的液体中易挥发物质的组成当然也高。因此可利用一连串的有系统的重复蒸馏,最后能得到接近纯组分的两种液体。

应用这种反复多次的简单蒸馏,虽然可以得到接近纯组分的两种液体,但是这样做既费时间,且在重复多次蒸馏操作中的损失又很大,所以通常用分馏来进行分离。

利用分馏柱进行分馏,相当于在分馏柱内使混合物进行多次气化和冷凝。当上升的蒸气与下降的冷凝液互相接触时,上升的蒸气部分冷凝放出热量使下降的冷凝液气化,两者之间发生了能量交换。其结果,上升蒸气中易挥发组分增加,而下降的冷凝液中高沸点组分增加。如果继续多次,就等于进行了多次的气液平衡,即达到了多次蒸馏的效果。这样,靠近分馏柱顶部易挥发物质的组分的比率高,而烧瓶里高沸点组分的比率高。当分馏柱的效率足够高时,开始从分馏柱顶出来的几乎是纯净的易挥发组分,最后在烧瓶里残馏的则几乎是纯净的高沸点组分。

实验室最常用的分馏柱有球形分馏柱、维氏(Vigreux)分馏柱、赫姆帕(Hempel)分馏柱等,见图2-18。球形分馏柱的分馏效果较差,分馏柱中的填充物通常为玻璃环。玻璃环可用细玻璃管割制而成,它的长度相当于玻璃管的直径。若分馏柱长为30 cm,直径为2 cm,则可用4～6 mm玻璃管制成的环。一般说来,上述三种分馏柱的分馏效果都很差。但若用300 W电炉丝切割成单圈或用金属丝网制成 Φ 型(直径3～4 mm)填料装入赫姆帕分馏柱,可显著提高分馏效率。若欲分离沸点相距很近的液体混合物,必须用精密分馏装置。

2. 简单的分馏装置和操作

简单的分馏装置如图2-19所示。分馏装置的装配原则和蒸馏装置完全相同。在装配及操作时,更应注意勿使分馏头的支管折断。

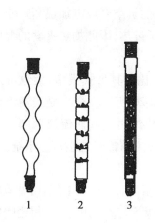
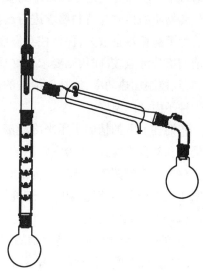

1—球形分馏柱;2—维氏(Vigreux)分馏柱;

3—赫姆帕(Hempel)分馏柱

图2-18　实验室常用的分馏柱

图2-19　简单分馏装置

把待分馏的液体倒入烧瓶中,其体积以不超过烧瓶容积的 1/2 为宜,投入几根上端封闭的毛细管或几粒沸石。安装好的分馏装置,经过检查合格后,可开始加热。操作时应注意下列几点:

①应根据待分馏液体的沸点范围,选用合适的热浴加热,不要在石棉铁丝网上直接用火加热。用小火加热热浴,以便使浴温缓慢而均匀地上升。

②待液体开始沸腾,蒸气进入分馏柱中时,要注意调节浴温,使蒸气环缓慢而均匀地沿分馏柱壁上升。若由于室温低或液体沸点较高,为减少柱内热量的散发,宜将分馏柱用石棉绳和玻璃布等包缠起来。

③当蒸气上升到分馏柱顶部,开始有液体馏出时,更应密切注意调节浴温,控制馏出速度为 2~3 滴/s。如果分馏速度太快,馏出物纯度将下降;但也不宜太慢,以致上升的蒸气时断时续,馏出温度有所波动。

④根据实验规定的要求,分段收集馏分。实验完毕时,应称量各段馏分。

3. 精密分馏

（1）精密分馏装置

精密分馏（精馏）的原理与简单分馏相同,装置如图 2-20 所示,由热源、蒸馏瓶、精馏柱、分馏头、温度计、接受器等部分组成。为了提高分馏效率,在操作上采取两项措施:一是柱身装有保温套,保持柱身温度与待分馏的物质的沸点相近,以利于建立平衡;二是控制一定的回流比（上升的蒸气在柱头经冷凝后,回入柱中的量和出料的量之比）。一般说来,对同一分馏柱,平衡保持得好,回流比大,则效率高。

精馏柱的选择根据分离的难易程度、蒸馏物的多少及在蒸馏中所处的压力范围决定。实验室常用的是填料式精馏柱,以增加表面积,使气相和液相充分接触,有利于热交换,从而提高精馏效率。填料是决定分馏效率的重要因素,品种和式样很多（见图 2-21）,效率各异,可根据被分离物质的性质与精制要求进行选择。

为了避免热量散失,保持柱身温度,通常用石棉绳、玻璃毛或简单空气夹套给精馏柱保温。当精馏组分沸点较高时,则要求更好地保温,此时可采用镀银的真空套或电加热套。使用电加热套,须控制加热功率,能补偿损失的热量即可,决不能使柱子过热,因此加热夹套的温度应略低于柱子内部的温度。

精馏柱上方的精馏头用来冷凝蒸气,观察温度,控制回流比。其形式很多,大致可分为全冷凝式和部分冷凝式,实验室常用的全冷凝可调精馏头如图 2-20 所示。全冷凝式精馏头将上升至精馏头中的蒸气全部冷凝为液相,然后在精馏头下部分成馏出液和回流液两部分。出料旋塞 4 用来调节回流比和出料,三通活塞 5 用来通大气或在减压精馏时连接真空系统。

（2）精密分馏的操作

精馏时,在烧瓶中加入待分馏的物料,投入几粒沸石（减压精馏时应使用毛细管,见减压蒸馏部分内容）,柱头的回流冷凝器中通水。关闭出料旋塞,三通活塞 5 与大气相通（不得密闭加热）,开启保温套加热装置和烧瓶的加热装置,控制保温套温度略低于待精馏物组分中的最低沸点;调节对烧瓶的加热速度:先经较快的加热速度使它沸腾,这时较多的上升蒸气,就会在柱内形成液柱,液柱不断上升,浸满整个填料,使填料表面充分润湿,这个过程叫"液泛"。停止加热,当液柱下降至柱身的 2/3 处,再加热重新液泛 1~2 次。液泛后,调节加热速度使釜底和柱顶的温度逐步稳定下来,蒸气缓慢上升至柱顶,冷凝而全回流(不出料),经一段时间后柱身及柱顶温度均达到恒定,且柱顶温度与最低沸点组分的沸点温度相近,建立柱平衡。然后小心控制出料旋塞 4,调节回流比,在稳定的情况下(不液泛)连续出料,收集一定沸点范围的各馏分。

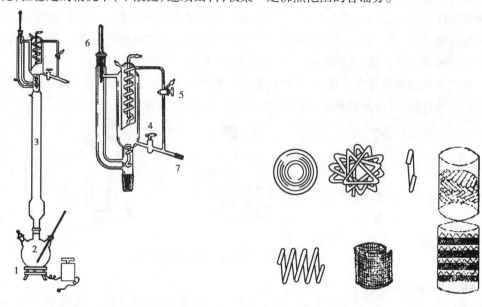

1—热源;2—三颈瓶;3—分馏柱;4—出料旋塞;

5—三通活塞;6—温度计;7—出料口

图 2-20　实验室用精密分馏装置和全冷凝式分馏头　　　图 2-21　常用分馏柱填料类型

4.共沸蒸馏

共沸蒸馏又称恒沸蒸馏,主要用于共沸(恒沸)混合物的分离。

在分馏过程中,有时会得到一个具有固定气液相组成与恒定沸点的混合物,这种混合物称为共沸(恒沸)混合物,其沸点称为共沸(恒沸)点。如果共沸混合物的沸点比纯组分和其他任何组成的混合溶液的沸点都更低,为最低共沸混合物,其沸点成为最低共沸点;反之,为最高共沸混合物,其沸点称为最高共沸点。两种液体组成的共沸混合物,其组成和沸点并不是固定不变的,要随外界压力的改变而改变,所以共沸混合物不是纯化合物。常压下一些共沸混合物的共沸点及组成可参见附录 H。

共沸混合物不能用简单分馏甚至精密分馏组分开。必须用其他方法破坏共沸组成后,再进行分馏才能分离。大部分有机溶剂和水形成的共沸混合物都可根据情况用不同试剂或干燥剂除去水。如常压下 95.6% 的乙醇和 4.4% 的水,组成最低共沸(恒沸)混合物,若想得到 99.5% 的乙醇,则可加入氧化钙与水反应,破坏共沸(恒沸)组成后再进行分馏。

破坏共沸混合物的另一方法是加入第三组分,进行共沸蒸馏。共沸蒸馏是在共沸混合物中加入第三组分,该组分与原共沸混合物中的一种或两种组分,形成沸点比原共沸混合物沸点更低的共沸混合物,使组分间的相对挥发度增大,进行蒸馏分离的操作。加入的第三组分称为恒沸剂或夹带剂,常用的夹带剂有苯、甲苯、二甲苯、三氯甲烷等。带分水器的回流装置(图 2-1d,)就是常用的共沸蒸馏装置。

利用共沸蒸馏,可对与水形成共沸混合物的有机溶剂进行干燥。将一种能与水形成共沸混合物,而又尽可能与水互不相溶的物质(称为带水剂,例如苯)加入含水共沸混合物中,加热至沸腾,水与带水剂形成共沸混合物而被蒸出,冷凝后的苯与水分层,水沉积于分水器的底部,苯返回蒸馏烧瓶,这样不断地进行可把水都带出来,达到干燥除水的目的。工业上常用苯作为恒沸剂进行共沸精馏制取无水酒精,在乙醇和水的共沸混合物中加入苯,苯-乙醇-水形成三元共沸混合物蒸出,蒸出后分成上下两层,上层为苯和乙醇,下层为水和乙醇。蒸完水后,再蒸出苯和乙醇的共沸混合物,则烧瓶中得到相当纯的乙醇。

在产生水的有机化学反应中,可利用共沸蒸馏将反应所生成的水连续蒸出使平衡向要求的方向移动,同时可借此观察反应的进程。常用分水器有几种,如图2-22所示。

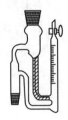

图 2-22   常用的几种分水器

实验9   减压蒸馏

1. 基本原理

很多有机化合物,特别是高沸点的有机化合物,在常压下蒸馏往往发生分解、氧化或聚合。在这种情况下,采用减压蒸馏方法最为有效。

液体的沸点是指它的蒸气压等于外界压力时的温度,因此液体的沸点是随外界压力的变化而变化的;从另一个角度来看,由于液体表面分子逸出所需的能量随外界压力的降低而减少。因此,降低蒸馏体系的压力,则液体的沸点下降,这种在减压下的蒸馏操作称为减压蒸馏或真空蒸馏。一般的高沸点有机化合物,当压力降低到 20 mmHg 时,沸点比常压沸点要低 $100 \sim 120 \, ℃$。可利用图2-23的沸点-压力的经验计算图,近似地找出高沸点物质在不同压力下的沸点。例如,水杨酸乙酯常压下的沸点为 234 ℃,现欲找其在 20 mmHg 的沸点为多少度,可在图2-23的 b 线上找出相当于 234 ℃ 的点,将此点与 c 线上 20 mmHg 处的点联成一直线,把此线延长与 a 线相交,其交点所示的温度就是水杨酸乙酯在 20 mmHg 时的沸点,约为 118 ℃。

2. 减压蒸馏装置

减压蒸馏装置主要由蒸馏、抽气(减压)、安全保护和测压四部分组成。简单的减压蒸馏装置如图2-24所示。蒸馏部分由蒸馏瓶、克氏蒸馏头、毛细管、温度计及冷凝管、接受器等组成。蒸馏烧瓶内蒸馏的液体占其容量 $1/3 \sim 1/2$,不可超过 $1/2$。克氏蒸馏头可减少由于液体暴沸而溅入冷凝管的可能性;而毛细管的作用,则是导入空气,不断形成小气泡作为气化中心,使蒸馏平稳,避免液体过热而产生暴沸冲出现象,这对减压蒸馏非常重要。毛细管口距瓶底 $1 \sim 2 \, mm$,为了控制毛细管的进气量,可在毛细玻璃管上口套一段软橡皮管,橡皮管中插入一段细铁丝,并用螺旋夹夹住。蒸出液接受部分(图2-24中16和17),通常用多尾接液管连接

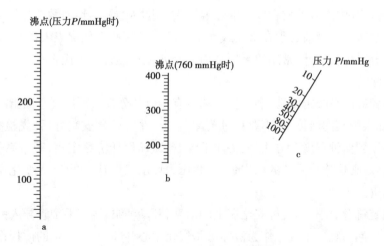

图 2-23　沸点-压力的经验计算图

两个或三个厚壁梨形或圆形烧瓶,在接受不同馏分时,只需转动接液管,使不同的馏分流入指定的接受器中,而不中断蒸馏。在减压蒸馏系统中切勿使用有裂缝或薄壁的玻璃仪器,尤其不能用不耐压的平底瓶(如锥形瓶、平底烧瓶等),以防止内向爆炸。

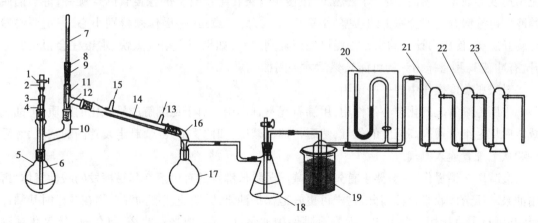

1—旋夹;2—乳胶管;3—单孔塞;4—套管;5—圆底烧瓶;6—毛细管;7—温度计;
8—单孔塞;9—套管;10—Y 型管;11—蒸馏头;12—水银球;13—进水;14—直型冷凝管;
15—出水;16—真空接引管;17—接收瓶;18—安全瓶;19—冷阱;20—压力计;
21—氯化钙塔;22—氢氧化钠塔;23—石蜡块塔

图 2-24　减压蒸馏装置

抽气部分用减压泵,最常见的减压泵有水泵和油泵两种。

安全保护部分一般有安全瓶,安全瓶的作用是使仪器装置内不发生太突然的变化以及防止倒吸。若使用油泵,则要注意油泵的防护保养,不使有机物质、水、酸等的蒸气侵入油泵内。易挥发有机物质的蒸气被泵油吸收,染污泵油,严重降低泵的效率;水蒸气凝结在油泵里,会使油乳化,也会降低油泵的效率;酸会腐蚀油泵。因此,用油泵进行减压蒸馏时,在接受器和油泵之间,应顺次装上冷阱和分别装有粒状氢氧化钠、硅胶或无水氯化钙等吸收干燥塔,吸收除去有害于泵油的气雾,如有机气体、酸雾和水汽。水汽可以使泵油乳化,有机气体可以溶解于泵油中,使泵油的蒸气压增加,降低油泵所能达到的真空度;而酸雾则会腐蚀泵体机件,破坏气密

43

性,加速磨损等。其中冷阱可放在广口的保温瓶内,用冰-盐或干冰-丙酮冷却剂冷却。

一般在油泵减压蒸馏前必须在常压或水泵减压下蒸除所有低沸点液体和水以及酸、碱性气体。测压部分采用测压计,常用的测压计为 U 型水银压力计或麦氏真空规。

3.操作方法

为了拥有较好的系统密闭性,磨口仪器的所有接口部分都必须用真空油脂润涂好,检查仪器不漏气后,加入待蒸的液体,量不要超过蒸馏瓶的一半。仪器安装好后,先检查装置的气密性及装置能减压到何种程度。方法是:关闭毛细管,减压至压力稳定后,观察系统真空度是否能达到要求,然后夹住连接系统的橡皮管,观察压力计水银柱有否变化,无变化说明不漏气,有变化即表示漏气。

若整套系统符合要求,则关好安全瓶上的活塞,开动油泵,调节毛细管导入的空气量,以能冒出一连串小气泡为宜。小气泡作为液体沸腾气化中心,同时又起一定的搅拌作用,可防止液体暴沸,使沸腾保持平稳。当压力稳定后,开始加热。液体沸腾后,应注意控制温度,并观察沸点变化情况。待沸点稳定时,转动多尾接液管接受馏分,蒸馏速度以 0.5~1 滴/s 为宜。

在蒸馏过程中,应注意水银压力计的读数,记录时间、压力、液体沸点、油浴温度和馏出液流出速度等数据。蒸馏完毕,除去热源,慢慢旋开夹在毛细管上的橡皮管的螺旋夹,待蒸馏瓶稍冷后再慢慢开启安全瓶上的活塞,平衡内外压力(注意:这一操作须特别小心,一定要慢慢地旋开旋塞,使压力计中的水银柱慢慢地恢复到原状,如果引入空气太快,水银柱会很快的上升,有冲破 U 型管压力计的可能),然后才关闭抽气泵。

对减压蒸馏操作中的一些说明:

①用毛细管起气化中心的作用,用沸石起不到作用。对于易潮解或易氧化的物质,可抽气减压后从毛细管通入高纯度的氮气,然后再抽气减压,如此反复几次,赶走装置内的空气,然后持续从毛细管通入氮气。

②减压蒸馏操作,一般要求首先水泵减压蒸除低沸点的有机溶剂和易挥发的酸性气体,再用油泵减压蒸馏收集目标馏分,这样可更好地保护油泵,并防止蒸馏的混合物在减压时暴沸冲出;并可只需直接加一个干冰—丙酮冷阱保护油泵,而不需要加石蜡塔、氯化钙、氢氧化钠碱塔,从而获得较高的真空度。

③减压蒸馏前先抽真空,真空稳定后再慢慢升温。

④冷阱要及时的清理,最好每次使用后清洗并烘干。注意油泵的保养,油泵要经常的换油。

实验 10　水蒸气蒸馏

1.基本原理

水蒸气蒸馏操作是将水蒸气通入不溶或难溶于水但有一定挥发性的有机物质(近 100 ℃时其蒸气压至少为 1 333.2 Pa)中,使该有机物质在低于 100 ℃的温度下,随着水蒸气一起蒸馏出来。

两种互不相溶的液体混合物的蒸气压,等于两液体单独存在时的蒸气压之和。当组成混合物的两液体的蒸气压之和等于大气压力时,混合液体开始沸腾。互不相溶的液体混合物的沸点,要比每一物质单独存在时的沸点低。因此,在不溶于水的有机物质中,通入水蒸气进行水蒸气蒸馏时,在比该物质的沸点低得多的温度,而且比 100 ℃ 还要低的温度就可以使该物质蒸馏出来。

水蒸气蒸馏是用以分离和提纯有机化合物的重要方法之一,常用于下列各种情况:

①混合物中含有大量的固体,通常的蒸馏、过滤、萃取等方法都不能适用;

②混合物中含有焦油状物质,采用通常的蒸馏、萃取等方法非常困难;

③在常压下蒸馏会发生分解的高沸点有机物质。

在馏出物中,随水蒸气一起蒸馏出的有机物质同水的质量之比($m_A : m_{H_2O}$),等于两者的分压(P_A 和 P_{H_2O})分别和两者的相对分子质量(M_A 和 18)的乘积之比,所以馏出液同水的质量之比可按下式计算:

$$\frac{m_A}{m_{H_2O}} = \frac{M_A \times P_A}{18 \times P_{H_2O}}$$

例如,苯胺和水的混合物用水蒸气蒸馏时,苯胺的沸点是 184.4 ℃,苯胺和水的混合物在 98.4 ℃ 就沸腾。在这个温度下,苯胺的蒸气压是 5 599.5 Pa,水的蒸气压是 95 725.5 Pa,两者相加等于 101 325 Pa。苯胺的相对分子质量为 93,所以馏出液中苯胺与水的质量比等于

$$\frac{93 \times 5\ 599.5}{18 \times 95\ 725.5} = \frac{1}{3.3}$$

由于苯胺略溶于水,这个计算所得的仅是近似值。

又如:苯甲醛(沸点 178 ℃),进行水蒸气蒸馏时,在 97.9 ℃ 沸腾[此时 $P_A = 93.7$ kPa(703.5 mmHg),$P_B = 7.5$ kPa (56.5 mmHg)],馏液中苯甲醛占 32.1%。

2.水蒸气蒸馏装置

水蒸气蒸馏装置如图 2-25 所示,主要由水蒸气发生器 A(水蒸气发生器一般为专用的铜制或铁制加热容器,也可用大容量的圆底烧瓶代替)、三口或二口圆底烧瓶 F 和长的直型冷凝管 G 组成。若反应在圆底烧瓶内进行,可用圆底烧瓶上装配蒸馏头(或克氏蒸馏头)代替三口烧瓶。水蒸气发生器 A 内盛水约占其容量的 1/2。长玻璃管 B 为安全管,管的下端接近容器底,根据管中水柱的高低,可以估计水蒸气压力的大小。蒸馏烧瓶 F 应当用铁夹台固定,通过橡皮塞或磨口空心温度计套管插入水蒸气导管 E。导管 E 外径一般不小于 7 mm,以保证水蒸气畅通,其末端应接近瓶底部,距瓶底 5~8 mm,以便水蒸气和待蒸馏的物质充分接触并起搅拌作用。蒸气导出管应略微粗一些,其外径约为 10 mm,以便蒸气能畅通地进入冷凝管中。否则蒸气的导出将会受到一定的阻碍,这会增加烧瓶 F 中的压力。

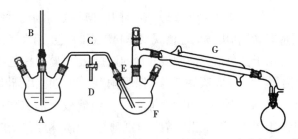

A—水蒸气发生装置;B—安全管;C—T 型管;D—弹簧夹;E—水蒸气导入管;F—蒸馏烧瓶

图 2-25　水蒸气蒸馏装置

用长的直型冷凝管 G 可以使馏出液充分冷却。由于水蒸气冷凝散热较大,所以冷却水的流速也宜稍大一些。发生器 A 的支管和水蒸气导管 E 之间用一个 T 型管 C 连接。在 T 型管的支管上套上一段橡皮管,用螺旋夹旋紧,它可以用以除去水蒸气中冷凝下来的水分。在操作中,如果发生系统压力异常上升等不正常现象时,应立即打开夹子,使之与大气相通。

3. 水蒸气蒸馏操作

把要蒸馏的物质倒入蒸馏烧瓶 F 中,其量约为烧瓶容量的1/3。烧瓶中不需要加沸石。操作前,水蒸气蒸馏装置应经过检查,必须严密不漏气。开始蒸馏时,先打开 T 型管上的弹簧夹,用直接火把水蒸气发生器里的水加热到沸腾。当有水蒸气从 T 型管的支管冲出时,再夹上弹簧夹,让水蒸气通入烧瓶中,这时可以看到瓶中的混合物翻腾不息,不久在冷凝管中就出现有机物质和水的混合物。调节加热温度,使瓶内的混合物不致飞溅得太厉害,并控制馏出液的速度为 2～3 滴/s。如由于水蒸气的冷凝而使蒸馏瓶内液体量增加,可适当用小火加热蒸馏瓶。在蒸馏过程中,通过水蒸气发生器安全管中水面的高低,可以判断水蒸气蒸馏系统是否畅通,若水平面上升很高,则说明某一部分被阻塞了,应立即打开 T 型管上的弹簧夹,然后移去热源,拆下装置进行检查(通常是由于水蒸气导入管被树脂状物质或焦油状物堵塞)和处理。另外还要注意烧瓶中的液体是否发生倒吸现象,一旦发生这种现象,按上述方法处理。

当馏出液澄清透明不再含有机物质的油滴时,可停止蒸馏。这时应首先打开 T 型管上的夹子,然后移去火焰,关闭冷凝水,否则可能发生倒吸现象。

实验11　薄层色谱和柱色谱

色谱法是分离、提纯和鉴定有机化合物的重要方法,有着极其广泛的用途。

色谱法的基本原理是利用混合物中各组分在某一物质中的吸附或溶解性能(即分配)的不同,或其他亲和作用性能的差异,使混合物的溶液流经该物质时进行反复的吸附或分配等作用,从而将各组分分开。流动的混合物溶液称为流动相;固定的物质称为固定相(可以是固体或液体)。根据组分在固定相中的作用原理不同,可分为吸附色谱、分配色谱等。吸附色谱常用氧化铝和硅胶作固定相;分配色谱中以硅胶、硅藻土和纤维素作为支持剂,以吸收较大量的液体作固定相,而支持剂本身不起分离作用。根据操作条件不同,可分为柱色谱、纸色谱、薄层色谱、气相色谱及高效液相色谱等类型。

1. 薄层色谱

薄层色谱(Thin Layer Chromatography，TLC)属于固-液吸附色谱,是一种微量的分离分析方法,具有设备简单、速度快、分离效果好、灵敏度高以及能使用腐蚀性显色剂等优点。适用于小量样品(几到几十微克,甚至 0.01 μg)的分离。同时薄层色谱是一种非常有用的跟踪反应的手段,在进行化学反应时,常利用薄层色谱观察原料斑点的逐步消失来判断反应是否完成。也常用作柱色谱的先导,可用于柱色谱分离中展开剂的选择,也可监视柱色谱分离状况和效果。

最常用的薄层色谱属于液—固吸附色谱,把吸附剂(如氧化铝、硅胶)和黏合剂(如煅石膏、$CaSO_4 \cdot H_2O$、羧甲基纤维素钠等)均匀地铺在一块玻璃板上形成薄层,将分离样品滴加在薄层的一端,当利用毛细作用使流动相沿着吸附剂薄层(固定相)移动时,吸附剂借各种分子间力(包括范德华力和氢键)作用于混合物中各组分,各组分以不同的作用强度被吸附。被分离组分在固定相与流动相之间进行分配或吸附,经过反复无数次的分配平衡或吸附平衡,不同组分的极性化合物就会在薄层板上移动不同的距离。极性强的化合物会"粘"在极性的吸附剂上,在薄板上移动的距离比较短。而非极性的物质在薄层板上移动较大的距离。化合物移动的距离大小用 R_f 值表达,是介于 $0 \sim 1$ 之间的数值,它的定义为:

$$R_f = \frac{样品原点中心到斑点中心的距离}{样品原点中心到溶剂前沿的距离}$$

如图 2-26 所示, d 为点样点到溶剂前沿的距离, d_1 为点样点到斑点 1 的距离, d_2 为点样点到斑点 2 的距离。

薄层色谱常用的吸附剂或支持剂是硅胶或氧化铝。薄层色谱用的硅胶分为硅胶 H(不含粘合剂)、硅胶 G(含煅石膏做黏合剂)、硅胶 HF-254(含荧光物质,可在波长 254 nm 紫外光下观察荧光)、硅胶 GF-254(含有煅石膏和荧光剂)。薄层色谱用的氧化铝也分为氧化铝 G、氧化铝 GF254 及氧化铝 HF254。

薄层色谱技术包括制板、点样、展开、显色等。

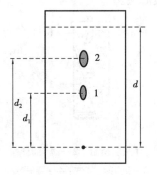

图 2-26　薄层色谱示意图

(1)薄层板的制备

薄层板的薄层应尽可能的均匀而且厚度(0.25 ~ 1 mm)要固定。否则展开时溶剂前沿不齐,色谱结果也不易重复。

制备薄层板时,首先将吸附剂调成糊状,如称取约 3 g 硅胶 G,加入到 6 ~ 7 ml 0.5% 的羧甲基纤维素钠水溶液中,调成均匀的糊状物(可铺 7 ~ 8 张载玻片)。这一步一定要将吸附剂逐渐加入到溶剂中,边加边搅拌,如果把溶剂加到吸附剂中,容易产生结块。然后采用简单的平铺法和倾斜法将糊状物涂布在干净的载玻片上,制成薄层板。

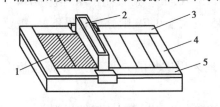

1—吸附剂薄层;2—涂布器;
3—玻璃夹板;4—玻璃板;
5—玻璃夹板

图 2-27　薄层板涂布器

①平铺法:可将自制涂布器(如图 2-27),洗净,把干净的载玻片在涂布器中摆好,上下两边各夹一块比载玻片厚 0.25 mm 的玻璃板,在涂布器槽中倒入糊状物,将徐布器自左向右推,即可将糊状物均匀地涂在玻璃板上。

②倾斜法:如没有涂布器,则可将调好的糊状物倒在载玻片上,用药匙摊开后,用手摇晃并轻轻敲击玻板背面,使糊状物均匀铺开且表面均匀光滑。

涂好的薄层板室温水平放置晾干后,放入烘箱内加热活化,活化条件根据需要而定。硅胶板一般在烘箱中渐渐升温,维持 105 ~ 110 ℃ 活化 30 min。氧化铝板在 200 ~ 220 ℃ 烘 4 h 可得活性 Ⅱ 级的薄板;150 ~ 160 ℃ 烘 4 h 可得活性 Ⅲ ~ Ⅳ级的薄板。薄层板的活性与含水量有关,其活性随含水量的增加而下降。注意硅胶板活化时温度不能过高,否则硅醇基会相互脱水而失活。活化后的薄层应放在干燥器内保存。

(2)点样

将样品溶于低沸点溶剂(丙酮、甲醇、乙醇、氯仿、苯、乙醚和四氯化碳)配成 1% 的溶液,用内径小于 1 mm 管口平整的毛细管点样:用毛细管取样品溶液,在薄层板一端约 1.0 cm 处,垂直地、轻轻地接触到薄层上的吸附剂,样品溶液就可吸附在薄层上。在薄层色谱中,样品的用量对物质的分离效果有很大影响,所需样品的量与显色剂的灵敏度、吸附剂的种类、薄层的厚度均有关系。样品太少,斑点不清楚,难以观察;样品量太多,往往出现斑点太大或拖尾现象,以至不易分开。若因样品溶液太稀,可重复点样,但应待前次点样的溶剂挥发后方可重新点样,样点直径一般以 2~4 mm 为宜。同一薄层上的样点直径应一致。另外点样要轻,不可刺破薄层。

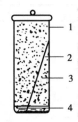

1—层析缸;2—薄层板;
3—展开剂蒸气;4—展开剂
图 2-28　直立式层析缸示意图

（3）展开

薄层板的展开需要在密闭的色谱缸(也可用标本缸或广口瓶等)中进行,如图 2-28 所示。用来展开样品中各组分的溶剂(流动相)称为展开剂。先将一定量展开剂放在色谱缸中,盖上缸盖,让缸内溶剂蒸气饱和 5~10 min。再将点好试样的薄层板样点一端朝下放入缸内(注意控制器皿中展开剂的量,切勿使样点浸入展开剂中),盖好缸盖,展开剂因毛细管效应而沿薄层上升,样品中组分随展开剂在薄层中以不同的速度向上移动而导致分离。当展开剂前沿上升到样点上方 8~10 cm 时取出薄层板,放平,铅笔标明溶剂前沿位置,冷风吹干溶剂。

化合物在薄板上移动距离的多少取决于所选取的溶剂。溶剂的极性越大,对化合物的洗脱能力也越大,即 R_f 值也越大。在戊烷和环己烷等非极性溶剂中,大多数极性物质不会移动,但是非极性化合物会在薄板上移动一定距离。极性溶剂通常会将非极性的化合物推到溶剂的前段而将极性化合物推离基线。一个好的溶剂体系应该使混合物中所有的化合物都离开基线,但并不使所有化合物都到达溶剂前端,R_f 值最好在 0.15~0.85。最理想的 R_f 值为 0.4~0.5,良好的分离 R_f 值为 0.15~0.75,如果 R_f 值小于 0.15 或大于 0.75 则分离效果不好,需要调换展开剂重新展开。

选择展开剂时,除参照表列溶剂极性来选择外,更多地采用试验的方法,在一块薄层板上进行试验:

①若所选展开剂使混合物中所有的组分点都移到了溶剂前沿,此溶剂的极性过强;

②若所选展开剂几乎不能使混合物中的组分点移动,留在了原点上,此溶剂的极性过弱。

当一种溶剂不能很好地展开各组分时,常选择用混合溶剂作为展开剂。先用一种极性较小的溶剂为基础溶剂展开混合物,若展开不好,用极性较大的溶剂与前一溶剂混合,调整极性,再次试验,直到选出合适的展开剂组合。合适的混合展开剂常需多次仔细选择才能确定。

一些常用溶剂和它们的相对极性:

甲醇>乙醇>异丙醇>乙氰>乙酸乙酯>氯仿>二氯甲烷>乙醚>甲苯>正己烷、石油醚

强极性溶剂 |←———中等极性溶剂———→| 非极性溶剂

常用混合溶剂:乙酸乙酯/正己烷,常用比例1:10~1:3;乙醚/戊烷,常用比例1:10~1:2.5;乙醇/正己烷,对强极性化合物1:10~1:3比较合适;二氯甲烷/正己烷,常用1:10~1:3,当其他混合溶剂失败时可以考虑使用。

（4）显色

展开的薄层板上化合物斑点本身有颜色时,可直接观察。若化合物本身无色,可在紫外灯下观察荧光斑点,也可用显色剂显色。简单常用的显色剂是碘蒸气,广口瓶中放置少量碘晶体,使用时将薄层板放入,盖上瓶盖,密封瓶内的碘蒸气即可使大部分有机化合物显色(饱和烃与卤代烃除外)。

2. 柱色谱

柱色谱(柱上层析)的原理与薄层色谱类似,常用的有吸附色谱和分配色谱两类。

吸附柱色谱通常在玻璃管中填入表面积很大的多孔性或粉状固体吸附剂。当待分离的混合物溶液流过吸附柱时,各种成分同时被吸附在柱的上端。当洗脱剂流下时,由于不同化合物吸附能力不同,往下洗脱的速度也不同,于是形成了不同层次,即溶质在柱中自上而下按对吸附剂的亲和力大小分别形成若干色带,如图 2-29 所示。再用溶剂洗脱时,已经分开的溶质可以从柱上分别洗出收集;或将柱吸干,挤出后按色带分割开,再用溶剂将各色带中的溶质萃取出来。

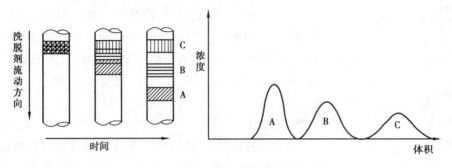

图 2-29　柱色谱分离示意图

实验室常用氧化铝、硅胶作吸附剂。吸附剂的选择一般要根据待分离的化合物类型而定。例如硅胶的性能比较温和,属无定形多孔物质,略具酸性,适合于极性较大的物质分离;同时,硅胶极性相对较小,适合于分离极性较大的化合物,如羧酸、醇、酯、酮、胺等。而氧化铝极性较强,对于弱极性物质具有较强的吸附作用,适合于分离极性较弱的化合物。酸性氧化铝适合于分离羧酸或氨基酸等酸性化合物;碱性氧化铝适合于分离胺;中性氧化铝则可用于分离中性化合物。

大多数吸附剂都能强烈地吸水,且水分易被其他化合物置换,因此吸附剂的活性降低。因此吸附剂使用前一般要经过纯化和活性处理,颗粒大小应当均匀。对于吸附剂而言,粒度愈小表面积愈大,吸附能力就愈高,但颗粒愈小,溶剂的流速愈慢,因此应根据实际分离需要而定。

在吸附剂上,化合物的吸附性与它们的极性成正比,化合物分子中含有极性较大的基团时,吸附性也较强,各种化合物对氧化铝的吸附性按以下次序递减:

酸和碱 > 醇、胺、硫醇 > 酯、醛、酮 > 芳香族化合物 > 卤代物、醚 > 烯 > 饱和烃

柱色谱分离中,洗脱剂的选择是重要的一环,通常根据被分离物中各化合物的极性、溶解度和吸附剂的活性等来考虑。但是必须注意,选择的洗脱剂极性不能大于样品中各组分的极性。否则样品组分在柱色谱中移动过快,不能建立吸附—洗脱平衡,影响分离效果。实际操作时,一般采用薄层色谱反复对比、选择柱色谱的洗脱剂。能在薄层色谱上将样品中各组分完全

分开,即可作柱色谱洗脱剂。在有多种洗脱剂可选择时,一般选择目标组分 R_f 值较大的洗脱剂。一般来说,洗脱剂都需要采用混合溶剂,利用强极性和弱极性溶剂复配而成。

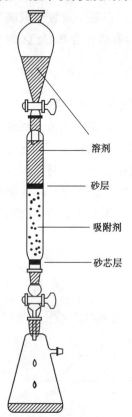

图 2-30　柱色谱装置

硅胶和氧化铝作吸附剂的柱色谱,洗脱剂的洗脱能力有如下顺序:

己烷和石油醚 < 环己烷 < 四氯化碳 < 三氯乙烯 < 二硫化碳 < 甲苯 < 苯 < 二氯甲烷 < 氯仿 < 乙醚 < 乙酸乙酯 < 丙酮 < 丙醇 < 乙醇 < 甲醇 < 水 < 吡啶 < 乙酸

常用的柱色谱装置包括色谱柱、滴液漏斗、接受瓶,如图 2-30 所示。

操作包括装柱、装样、洗脱、收集等。

（1）装柱

实验时选一合适色谱柱(长径比应不小于 8∶1 ～ 7∶1,吸附剂填充量约为柱容量的 3/4,预留 1/4 空间装溶剂),洗净干燥后垂直固定在铁架台上,柱子下端放置一锥形瓶。如果层析柱下端没有砂芯横隔,就应取一小团脱脂棉或玻璃棉,用玻璃棒将其推至柱底,然后再铺上一层约 0.5 cm 厚的砂,然后采用湿法或干法装柱。装柱要求吸附剂填充均匀,无断层、无缝隙、无气泡,否则会影响洗脱和分离效果。

①湿法装柱

将一定量的吸附剂(吸附剂用量应是被分离混合物量的 30 ～ 40 倍)用溶剂(最好选用 90 ～ 120 ℃石油醚)调成糊状,向柱内倒入溶剂至柱高的 3/4 处。再将调好的糊状吸附剂从色谱柱上端倒入,同时打开色谱柱下端的活塞,使溶剂慢慢流入锥形瓶。在添加吸附剂的过程中,可用木质试管夹或套有橡皮管的玻璃棒绕柱四周轻轻敲打,促使吸附剂均匀沉降并排出气泡。注意敲打色谱柱时,不能只敲打某一部位,否则被敲打的一侧吸附剂沉降更紧实,致使洗脱时色谱带跑偏,甚至交错而导致分离失败。另外还需掌握敲打时间,敲打不充分,吸附剂层降不紧实,各组分洗脱太快分离效果不好;敲打过度,吸附剂层降过于紧实,洗脱速度太慢而浪费实验时间。一般以洗脱剂流出速度为 5 ～ 10 滴/min。吸附剂添加完毕,在吸附剂上面覆盖约 1 cm 厚的砂层。整个添加过程中,应保持溶剂液面始终高出吸附剂层面(见图 2-30)。

②干法装柱

将一定量的吸附剂用漏斗慢慢加入干燥的色谱柱中,边加入边敲击柱身,务必使吸附剂装填均匀,不能有空隙。加完后,在吸附剂上覆盖少许石英砂,然后加洗脱剂洗柱赶走小气泡。

（2）装样和洗脱

当柱内的溶剂液面降至吸附剂表层时,关闭层析柱下端的活塞。将待分离的混合物用最小量展开剂溶解,用滴管小心滴加到柱内吸附剂表层,并用少量溶剂洗涤色谱柱内壁上沾有的样品溶液。待混合物溶液液面接近吸附剂上的石英砂时,旋开滴液漏斗旋塞,连续滴加洗脱剂。滴加速度以 1 ~ 2 滴/s 为适度。整个过程中,应使洗脱剂始终覆盖吸附剂。

如果被分离各组分有颜色,可以根据色谱柱中出现的色层收集洗脱液。如果各组分无色,先依等分收集法收集(该操作可由自动收集器),然后用薄层色谱法逐一鉴定,再将相同组分的收集液合并在一起。蒸除洗脱液溶剂,即得各组分。

三、有机化合物的物理常数测定

实验 12　熔点测定

晶体化合物的固、液两态在大气压力下成平衡时的温度称为该化合物的熔点。也可简单理解为固体物质在大气压力下加热熔化的温度。纯粹的固体有机化合物一般都有固定的熔点,即在一定的压力下,固液两态之间的转化是非常敏锐的,自初熔至全熔的温度不超过0.5 ~ 1 ℃(熔程)。因此,测定熔点时记录的数据应该是熔程(初熔和全熔的温度),如 123 ~ 124 ℃,不能记录平均值123.5 ℃。如果该物质含有杂质,则其熔点往往较纯粹者为低,且熔程较长。测定熔点可初步鉴定固体有机物和定性判断固体化合物的纯度,具有很大的价值。例如:A 和 B 两种固体的熔点是相同的,可用混合熔点法检验 A 和 B 是否为同一种物质。若 A 和 B 混合物的熔点不变,则 A 和 B 为同一物质;若 A 和 B 混合物的熔点比各自的熔点降低很多,且熔程变长,则 A 和 B 不是同一物质。

测定熔点的方法有毛细管法和显微熔点测定法。

1. 毛细管法测熔点

毛细管法测定熔点一般采用提勒(Thiele)管(b 形管),如图 2-31 所示。管口装有具有侧槽的塞子固定温度计,温度计的水银球位于 b 形管的上下两叉管口之间。b 形管中装入加热液体(浴液,一般用甘油、液体石蜡、浓硫酸、硅油等),液面高于上叉管口 0.5 cm 即可,加热部位如图 2-31b 所示。加热时浴液因温差产生循环,使管内浴液温度均匀。

(1)样品的填装

将毛细管的一端封口,把待测物研成细粉末,将毛细管未封口的一端插入粉末中,使粉末进入毛细管,再将其开口向上,使其从大玻璃管中垂直滑落,熔点管在玻璃管中反弹蹦跳,使样品粉末进入毛细管的底部。重复以上操作,直至毛细管底部有 2 ~ 3 mm 粉末并被墩紧。样品粉碎不够细或填装不结实,产生的空隙将导致不易传热,造成熔程变大。样品量太少不便观察,产生熔点偏低;太多会造成熔程变大,熔点偏高。

(2)仪器的安装

将提勒(Thiele)管(b 形管)固定在铁架台上,装入热浴液,使液面高度达到提勒管上侧管时即可。熔点管下端沾一点浴液润湿后黏附于温度计下端,并用橡皮圈将毛细管紧缚在温度计上,样品部分应靠在温度计水银球的中部(如图 2-31c)。温度计水银球恰好在提勒管的两侧管中部为宜。要注意的是熔点管外的样品粉末要擦干净以免污染热浴液体,如果发现装好样品的毛细管浸入浴液后,样品变黄变黑或管底渗入液体,说明为漏管,应弃去,另换一根熔点管。

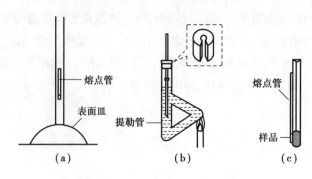

图 2-31 毛细管熔点测定示意图

装置中用的热浴液(加热介质),可根据所需的具体的温度,选用硫酸、甘油、液体石蜡和硅油等。预计温度低于 140 ℃,最好选用液体石蜡和甘油,好的液体石蜡可加热到 220 ℃ 不变色;若预计温度高于 140 ℃,可选用浓硫酸。使用硫酸作加热浴液要特别小心,不能让有机物碰到浓硫酸,否则使溶液颜色变深,有碍熔点的观察。若出现这种情况,可加入少许硝酸钾晶体共热后使之脱色。采用浓硫酸作热浴,适用于测熔点在 220 ℃ 以下的样品。若要测熔点在 220 ℃ 以上的样品可用其他热浴液,如硅油可加热到 250 ℃ 而不变色,安全无腐蚀性,但价格较贵。

(3)测定熔点

首先粗测,以约 5 ℃/min 的速度升温,记录当管内样品开始塌落[即有液相产生时(初熔)]和样品刚好全部变成澄清液体时(全熔)的温度,此温度范围为该化合物的熔程。

待热浴的温度下降大约 30 ℃ 时,换一根样品管,重复上述操作进行精确测定。

精确测定时,开始升温可稍快(约 10 ℃/min),待热浴温度离粗测熔点约 15 ℃ 时,改用小火加热(或将酒精灯稍微离开 Thiele 管一些),使温度缓缓而均匀上升(1~2 ℃/min)。当接近熔点时,加热速度要更慢(0.2~0.3 ℃/min)。要精确测定熔点,则在接近熔点时升温的速度不能太快,必须严格控制加热速度。

记录刚有小滴液体出现和样品恰好完全熔融时的两个温度读数。这两者的温度范围即为被测样品的熔程。

每个样品测 2~3 次,初熔点和全熔点的平均值为熔点,再将各次所测熔点的平均值作为该样品的最终测定结果。重复测熔点时都必须用新的熔点管重新装样品。

实验完成后,一定要待浴液冷却后,方可将浴液倒回瓶中。温度计冷却后,用废纸擦去浴液,方可用水冲洗,否则温度计极易炸裂。

(4)影响毛细管法测熔点的主要因素

①熔点管本身要干净,若含有灰尘,会产生 4~10 ℃ 的误差。管壁不能太厚,封口要均匀。千万不能让封口一端发生弯曲或使封口端壁太厚。因此在毛细管封口时,毛细管按垂直方向伸入火焰,且长度要尽量短,火焰温度不宜太高,最好用酒精灯,断断续续地加热,封口要圆滑,以不漏气为原则。

②样品一定要干燥,并研成细粉末,往毛细管内装样品时,一定要反复墩实,管外样品要擦干净。

③用橡皮圈将毛细管缚在温度计旁,并使装样部分和温度计水银球处在同一水平位置,同

时要使温度计水银球处于 b 形管两侧管中心部位。

④升温速度不宜太快,特别是当温度将要接近该样品的熔点时,升温速度更不能快。升温速度过快应慢,热传导不充分,导致所测熔点偏高。

2. 显微熔点测定仪测熔点

显微熔点测定仪有两种,透射式和反射式。透射式光源在热台的下面,热台上有个孔,光线从孔中透上来,视野便于观察,但热台中心有孔,热电偶不能测量热台中心的温度,因此有时温度测的不准。反射式光源在侧上方,使用的时开灯直接照射加热台,目前显微熔点测定仪多是这种结构,反射式有时视野不清不便观察,但温度测的准,制造也比较简单。图 2-32 是反射式显微熔点测定仪实物图。

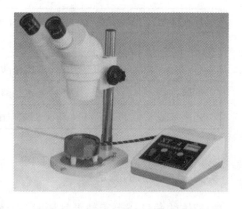

图 2-32　XT-4 型显微熔点测定

测定熔点时取很少量的样品,用两个盖玻片夹住样品(盖玻片使用前,需用脱脂棉球沾丙酮或酒精擦拭干净并吹干),轻轻研磨,让样品形成很薄的一层。放置在热台中央,盖上热台上配的玻璃片(防止挥发样品污染物镜),调整显微镜焦距和样品位置,直到视野清楚并能观察到样品。样品最好分散为很小的颗粒,能看清颗粒形状即可,颗粒太小不利于观察,颗粒太大测量不准,更不能形成一片。若样品堆积在一起,导热不均匀,熔点测不准,熔程也会变长。

加热时,通过调节电压控制升温速度。开始升温速度可快一些,快接近预计熔点温度时缓慢升温,与毛细管法一样。当颗粒形状变圆或出现明显液滴时记录初熔点,视野内完全变成液体时记录终熔点。有些样品在低于熔点的温度会发生晶型的转变,遇到这种情况时需要准确判断是达到初熔点,还是晶型变化。

不同型号的熔点测定仪使用方法和操作步骤不同,但大同小异。使用前最好仔细阅读仪器使用说明书,小心操作,仔细观察。

3. 温度计的校正

水银温度计是实验室最常用的测温仪器之一。测定时往往由于温度计的误差,影响到实验的可靠性。如测定熔点时,实测熔点与文献值之间常有一定的偏差。原因是多方面的,如升温速度、样品纯度、温度计偏差等。其中温度计的偏差是一个重要因素,如温度计中的毛细管孔径不均匀或刻度不够精确;另外温度计刻度划分有全浸式和半浸式两种,全浸式的刻度是在温度计的汞线全部均匀受热的情况下刻出来的,而毛细管法测熔点时仅有部分汞线变热,浴液上方露出的汞线温度较全部受热时低。长期使用的温度计,玻璃也可能发生形变而使刻度不准。

校正温度计的方法有:

①比较法。选一套标准温度计与要进行校正的温度计在同一条件下测温度。比较其所指示的温度值,进行读数校正,这种方法称比较法。

②熔点法。采用纯有机化合物的熔点(文献值)作为校正的标准,校正时是选择数种已知

熔点的纯有机化合物作为标准样品,以实测的熔点为纵坐标,以实测熔点与标准熔点(文献值)的差值为横坐标作图,可得校正曲线,即可从该曲线读出任一温度的校正值。

常用于熔点法校正温度计的标准样品及其熔点:

表 2-3　标准样品及其熔点

标准样品	熔点/℃	标准样品	熔点/℃	标准样品	熔点/℃
水—冰	0	苯甲酸	121.5~122	丁二酸	184.5~185
萘	80	肉桂酸	132.5~133	蒽	216
间苯二胺	90	水杨酸	158.5~159	酚酞	262
乙酰苯胺	113.5~114	对苯二酚	173~174	蒽醌	286

实验 13　沸点的测定

当液体的蒸气压等于外界气压时,液体就开始沸腾,对应的温度称为液体的沸点。

通常所说的沸点是指在 101.325 kPa 下液体沸腾时的温度。在一定外压下,纯液体有机化合物都有一定的沸点,而且沸程也很小(0.5~1 ℃)。因此测定沸点可作为鉴定有机化合物和判断物质纯度的依据之一。测定沸点常用的方法有常量法(蒸馏法)和微量法(沸点管法)两种。

图 2-33　微量法沸点测定装置

1. 常量法(蒸馏法)测沸点的装置与普通蒸馏装置相同,读取温度计的读数相对稳定的温度范围,即为该液体的沸程。

2. 微量法(沸点管法)测沸点的装置见图 2-33 所示。

①沸点管的制备

沸点管由外管和内管组成,外管用长 7~8 cm、内径 0.2~0.3 cm 的玻璃管将一端烧熔封口制得,内管用内径约 1 mm、长约 7 cm 的毛细管封闭一端制成。测量时内管开口向下插入外管中。

②沸点的测定

取 1~2 滴待测液体样品于沸点管的外管中,将内管插入外管中,然后用小橡皮圈把沸点附于温度计旁,再把该温度计的水银球位于 b 形管两支管中间,然后加热。加热时由于气体膨胀,内管中会有小气泡缓缓逸出,当温度升到比沸点稍高时,管内会有一连串的小气泡快速逸出。此时停止加热,使液体自行冷却,气泡逸出的速度即渐渐减慢,至气泡不再冒出并要缩回内管的瞬间记录温度,此时的温度即为该液体的沸点,待温度下降 15~20 ℃后,可重新加热再重复几次,每次温度计读数相差不超过 1 ℃。

实验 14　折射率测定

折射率(又称折光率)是透明、半透明液体或固体的重要光学常数,是有机化合物重要的物理常数之一。测定的折射率,可作为确定液体有机化合物纯度的标准,有时也可定量确定液体混合物的浓度。测定折射率的仪器是阿贝折射仪,还可测定糖溶液含糖量的百分数(糖度)。

1. 基本原理

由于光在不同介质中的传播速度不同,所以当单色光从一种透明介质中进入另一种透明介质中时,即发生折射现象,如图 2-34 所示。

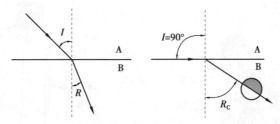

图 2-34　光的折射

对任何两种介质,在一定波长和一定外界条件(温度和压力)下,光的入射角 I 和折射角 R 的正弦值之比等于两种介质的折射率之比的倒数,即:

$$\frac{\sin I}{\sin R} = \frac{n_B}{n_A}$$

式中 n_A 和 n_B 分别为 A 与 B 两介质的折射率。假设光是从液体进入棱镜,因棱镜的折射率 n_B 比液体 n_A 折射率大,因此光的入射角 I 大于折射角 R(图 2-38)。在给定温度和介质时,n_A/n_B 是一常数。入射角 I 增大时,折射角 R 也相应增大;当入射角 I 达到极大值 90° 时,所对应的折射角 R_C 称为临界折射角。显然,沿图中法线左边从液体 A 入射的光线折射入棱镜 B 时,折射线都应落在临界折射角 R_C 之内。此时若在合适位置放置一目镜,则视野出现半明半暗(视野右上方没有光,是黑暗部分;左下方则是明亮部分)。当固定一种介质时(棱镜 B),临界折射角 R_C 的大小和另一种介质(液体)的折射率 n_A 有简单的函数关系:

$$\frac{\sin 90°}{\sin R_C} = \frac{1}{\sin R_C} = \frac{n_B}{n_A} \Rightarrow n_A = n_B \cdot \sin R_C$$

2. 仪器使用方法

图 2-35 是 2WA-J 型单镜筒折射仪,将棱镜光路系统与读数系统合并在同一个镜筒内,通过同一目镜进行观察,量程为 1.300 ~ 1.700。

测定前,通入恒温水约 10 分钟,使棱镜达到指定的温度。测量前,用擦镜纸沾少量乙醇或丙酮轻轻擦洗上下镜面,将棱镜表面擦净,待溶剂挥发后即可进行测量。测量时用洁净的长滴管将待测样品液体 2~3 滴均匀地置于下面棱镜的毛玻璃面上。此时应注意切勿使滴管尖端直接接触镜面,以免造成划痕。旋转棱镜锁紧手轮 10 关紧棱镜,调节反射镜 1 和遮光板 3(图 3-35)使镜筒视场明亮。轻轻旋转棱镜调节手轮 15 使棱镜组转动,在目镜筒中找到明暗分界线,若出现彩带,则调节色散调节手轮 6,消除色散,使视场中除黑白二色外无其他颜色,明暗界线清晰。最后微调棱镜旋转调节手轮 15,在目镜中观察明暗分界线上下移动,使视场中黑白分界线对准十字线交点(图 2-36(a)),读数镜视场右边所指示刻度值(图 2-36(b))即为测出的折射率。测量完后,用擦镜纸沾乙醇或丙酮清洗上下镜面,晾干后再关闭。

测量待测样品前,可用纯水校正仪器,不同温度下纯水的折光率见表 2-4。

表 2-4　不同温度下纯水的折光率

温度／℃	14	18	20	24	28	32
折光率 n_D^t	1.333 48	1.333 17	1.332 99	1.332 62	1.332 19	1.331 64

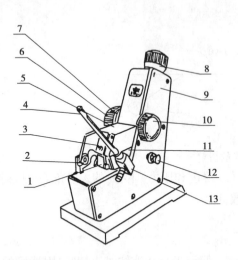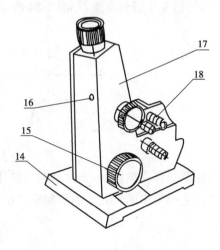

1—反射镜　2—转轴折光棱镜　3—遮光板　4—温度计　5—进光棱镜　6—色散调节手轮
7—色散值刻度圈　8—目镜　9—盖板　10—棱镜锁紧手轮　11—折射棱镜座
12—刻度盘照明聚光镜　13—温度计座　14—底座　15—棱镜调节手轮
16—调节物镜螺丝孔　17—壳体　18—恒温器接头

图 2-35　2WA-J 阿贝折光仪结构图

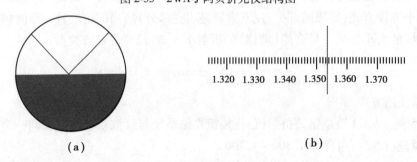

（a）　　　　　　　　　　　　　　（b）

图 2-36　2WA-J 阿贝折光仪目镜视场

实验 15　旋光度测定

1. 基本原理

光是一种电磁波。当可见光沿着直线方向传播时,电磁波的振动方向（即光的振动面）与光的前进方向垂直。天然光的振动面是不定的,若使天然光通过一特殊装置后,得到一个振动面固定的光,这种光称"偏振光",这种特殊装置称"偏振器"（或偏振镜）。"尼科耳棱镜"就是由冰晶石制成的偏振镜。

某些有机物质和结晶体由于它们的分子结构和晶体结构的特殊性质,当偏振光通过时,可使偏振光的平面向某方向(左或右)旋转一个角度。这类能使偏振光振动面发生偏转的物质叫旋光物质(或称光学活性物质)。使偏振光振动平面向左旋转的为左旋性物质,使偏振光振动平面向右旋转的为右旋性物质。

实验证明,当溶媒不具旋光性时,具有旋光性物质的溶液,其旋转角 α 与溶液的浓度 c 和溶液层厚度 l 成正比,即

$$\alpha = \beta \cdot c \cdot l$$

式中,β 称旋光常数,它与旋光物质的特性、光的波长及溶液温度有关。

一般以"比旋光度"作为量度物质旋光性能的标准。当偏振光通过 1 dm 长、旋光物质浓度"为 1 g/ml 的溶液后,所产生的旋光角,称为该溶液的比旋光度,即

$$[\alpha]_t^\lambda = \frac{\alpha}{l \cdot c}$$

式中,$[\alpha]_t^\lambda$——旋光性物质在温度为 t,光源波长为 λ 时的比旋光度;

α——旋光度;

l——光通过溶液柱的长度(样品管的长度),单位为 dm;

c——1 ml 溶液中旋光物质的克数。

一般在 25 ℃用 D 线(钠光 589 ~ 589.6 nm)波长的光源测定,所得比旋光度记做 $[\alpha]_{25}^D$。由于旋光度与溶剂有关,除水作溶剂以外,表示 α 值时都要注明溶剂名称。

测旋光度时,若检偏镜向右旋(顺时针方向)用"＋"或 d 表示;若检偏镜向左旋(逆时针方向)称左旋,以"－"或 l 表示。

根据旋光度的大小,可以确定被测物质,也可以确定旋光物质的浓度。

2. 旋光仪的原理

在一个尼科耳棱镜(称起偏镜)后面另置一个尼科耳棱镜(称检偏镜),便构成旋光仪。其光学原理如图 2-37 所示,光学系统如图 2-38 所示。

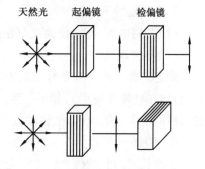

图 2-37　旋光仪光学原理示意图

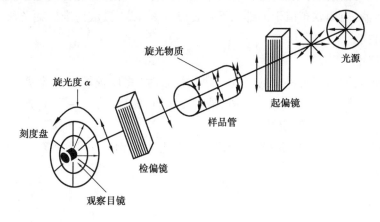

图 2-38　旋光仪的光学系统示意图

　　天然光通过起偏镜后变为偏振光,当旋转检偏镜到某一角度时,可使偏振光完全通过检偏镜;再逐渐旋转检偏镜的角度,透过光的强度便逐渐减弱,当旋转 90°时,偏振光将全不能通过检偏镜(光学零位)。如果在两棱镜之间放一个两端透明的样品管(亦称旋光管),当管内无溶液时,从检偏镜后面观测仍是黑暗的;当管内充以旋光性物质(如蔗糖溶液)时,溶液使偏振光平面旋转了一个角度,则从检偏镜后面可见到一定亮度的光,此时需将检偏镜旋转同样的角度,才可使光又消失,检偏镜旋转的角度即等于偏振光的振动平面通过该溶液的旋转角,即为溶液的旋光度 α。α 值可在与检偏镜同轴旋转的刻度盘上读出。

　　仪器采用三分视界的方法确定光学零位。钠光灯发出的光,经聚光镜和起偏镜变成偏振光,它在半波片外产生三分视界,操作者通过检偏镜后面的目镜组可看到三分视界的四种变化,如图 2-39 所示。

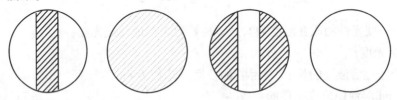

(a) > 或 < 零度视场　(b)零度视场　(c) < 或 > 零度视场　(d)全亮视场

图 2-39　三分视界变化示意图

3. 旋光度的测定

(1)开启电源开关,使钠光灯预热 5~10 min 后开始工作。

(2)零位调整

　　测定前在未放入旋光管或放进充满蒸馏水的旋光管时,观察刻度盘指零时,视界亮度是否一致且较暗(零度视场),如不一致,说明有零位误差,应在测定时加减此偏差值;或者旋松度盘盖后面的 4 个螺丝,微微转动度盘盖进行校正。一般校正不得大于 0.5°。

(3)装样

　　选取长度适宜的旋光管(旋光度大的样品选用 100 mm 或 200 mm 的短管),用待测溶液润洗两次,再注满待测溶液,垫好橡皮圈,旋上螺帽。若有气泡,应先让气泡浮在凸颈处。通光面两端的雾状水滴,应用软布揩干。螺帽不宜旋得过紧,以不漏液为准。旋光管安放时应注意标记的位置和方向。

(4)测定旋光值

　　转动度盘和检偏镜,当视界中的亮度一致且较暗时(零度视场),从度盘上读数。刻度盘上的旋转方向为顺势针时,读数为" + "值,是右旋物质;相反时为" - "值,是左旋物质。重复测定 2~3 次,取平均值作为测定结果。

(5)仪器使用完毕,关闭电源;旋光管用蒸馏水洗净后存放。

第 **3** 部分
有机化合物的制备实验

实验 1　环己烯的制备

一、实验目的

1. 学习由环己醇制备环己烯的原理和方法。
2. 掌握分馏和蒸馏操作。
3. 熟练和掌握洗涤分液和有机液体的干燥等操作。

二、实验原理

环己醇在 80% 磷酸作用下加热脱水,发生分子内消除反应生成环己烯。

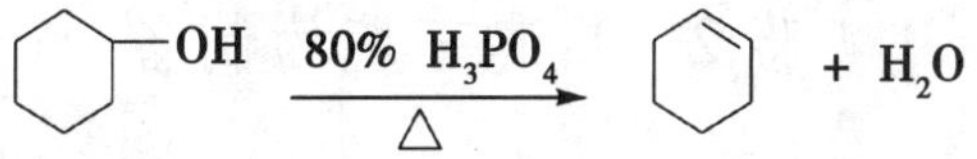

反应为可逆反应,故采用边反应边蒸出反应产物环己烯和水的措施来提高可逆反应的转化率。环己烯和水可形成的二元共沸物(沸点 70.8 ℃,含水 10%),同时原料环己醇也能和水形成二元共沸物(沸点 97.8 ℃,含水 80%)。为了使产物以共沸物的形式蒸出反应体系,而又不夹带原料环己醇,本实验采用分馏装置,并控制柱顶温度不超过 90 ℃。

一般认为,该反应历程为 E1 历程,整个反应是可逆的:

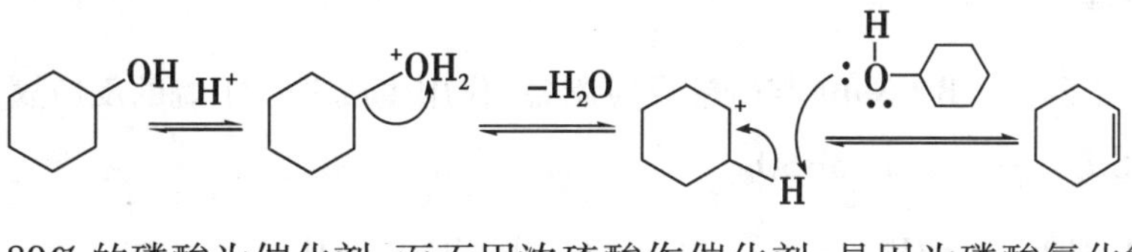

反应采用 80% 的磷酸为催化剂,而不用浓硫酸作催化剂,是因为磷酸氧化能力远较硫酸弱,可减少氧化副反应。

三、实验试剂

环己醇 10 ml（9.6 g，0.096 mol），85%磷酸 5 ml，饱和食盐水，无水氯化钙。

四、实验步骤

在 50 ml 圆底烧瓶中，放入 10 ml 环己醇及 5 ml 85%磷酸，充分摇荡使两种溶液混合均匀。投入几粒沸石，安装分馏装置，用 25 ml 量筒作接受器。

缓慢加热混合物至沸腾[1]，控制分馏柱顶温度不超过 90 ℃，直到无馏出液滴出[2]，烧瓶内出现白雾时，停止加热，记下粗产品中油层和水层的体积。

将粗产品放到小锥形瓶中，用滴管吸去水层。加入等体积的饱和食盐水，充分振荡后静置待液体分层。油层转移到干燥的小锥形瓶中，加入少量无水氯化钙干燥之。

将干燥后的粗制环己烯进行蒸馏，用水浴加热，收集 82 ~ 85 ℃ 的馏分[2]。

纯环己烯为无色透明液体，沸点 83 ℃，$d_4^{20} = 0.810$，$n_D^{22} = 1.445\ 1$，产量：4 ~ 5 g。

注释：

[1]最好用油浴加热，使反应物受热均匀。馏出的速度要缓慢均匀，以减少未反应的环己醇蒸出。

[2]蒸馏烧瓶中的残馏液含有环己醇。

五、思考题

1. 磷酸做脱水剂比用浓硫酸做脱水剂有什么优点？
2. 分馏的目的是什么？是否可用普通蒸馏？
3. 如果实验产率太低，试分析主要是在哪些操作步骤中造成损失。

实验 2　1-溴丁烷的制备

一、实验目的

1. 掌握正丁醇制备 1-溴丁烷的原理和方法。
2. 熟悉和掌握带气体吸收的回流装置、洗涤、分液、干燥和蒸馏等操作。

二、实验原理

主反应：正丁醇与 HBr（NaBr 与硫酸反应制备）作用生成 1-溴丁烷的反应属于 S_N2 反应，

$$NaBr + H_2SO_4 \longrightarrow HBr + NaHSO_4$$

$$CH_3CH_2CH_2CH_2OH + HBr \xrightarrow{\text{微沸}} CH_3CH_2CH_2CH_2Br + H_2O$$

为了提高反应产率，增加了 NaBr 的用量，同时加入大过量的硫酸。

副反应：正丁醇与热硫酸作用，可能发生分子内和分子间脱水，生成丁烯和正丁醚；同时

HBr 也会被硫酸氧化,生成单质溴。

$$CH_3CH_2CH_2CH_2OH \xrightarrow[>135\ ℃]{H_2SO_4} C_4H_8 + H_2O$$

$$2CH_3CH_2CH_2CH_2OH \xrightarrow[134\ ℃]{H_2SO_4} (CH_3CH_2CH_2CH_2)_2O + H_2O$$

$$2HBr + H_2SO_4 \longrightarrow Br_2 + SO_2 + 2H_2O$$

三、实验试剂

正丁醇 12.4 ml(10 g,0.136 mol),无水溴化钠[1] 16.6 g (0.16 mol),浓硫酸(比重 1.84) 20 ml (0.36 mol),10% 碳酸钠溶液,无水氯化钙。

四、实验步骤

在 100 ml 圆底烧瓶中放入 12.4 ml 正丁醇、16.6 g 研细的溴化钠和 1~2 粒沸石。烧瓶上装一回流冷凝管。在一个小锥形瓶内放入 20 ml 水,将瓶放在冷水浴中冷却,一边摇荡,一边慢慢加入 20 ml 浓硫酸。将稀释的硫酸分四次从冷凝管上端加入烧瓶,每加一次都要充分振荡烧瓶,使反应物混合均匀。在冷凝管上口,连接一气体吸收装置[2]。缓慢加热到沸腾,保持回流 30 min[3]。

反应完成后,将反应物冷却 5 min。卸下回流冷凝管,再加入 1~2 粒沸石,用 75° 弯管连接冷凝管进行蒸馏。仔细观察馏出液,直到无油滴蒸出为止[4]。

将馏出液倒入小分液漏斗中,将油层[5]从下面放入一个干燥的小锥形瓶中,然后用 6 ml 浓硫酸分两次加入瓶内,每加一次都要充分振荡锥形瓶。如果混合物发热,可用冷水浴冷却。将混合物慢慢倒入分液漏斗中,静置分层,放出下层浓硫酸[6]。油层依次用 20 ml 水[7],10 ml 10% 碳酸钠溶液和 20 ml 水洗涤。将下层的粗 1-溴丁烷放入干燥的小锥形瓶中,加 1~2 g 块状的无水氯化钙,间歇振荡锥形瓶,直到液体澄清为止。

将液体倒入 50 ml 蒸馏烧瓶中(注意勿使氯化钙掉入蒸馏烧瓶中)。投入 1~2 粒沸石,安装好蒸馏装置,加热蒸馏,收集 99~102 ℃ 的馏分。

产量:约 13.0 g。

纯 1-溴丁烷为无色透明液体,沸点 101.6 ℃,$d_4^{20} = 1.275$[8]。

注释:

[1]如用含结晶水的溴化钠(NaBr·2H₂O),可按摩尔数换算,并相应地减少加入的水量。

[2]本实验中,由于采用1:1的硫酸(即 62% 的硫酸),回流时如果保持稳定的沸腾状态,很少有溴化氢气体从冷凝管上端逸出。这样,如果在通风橱中操作,气体吸收装置可以省去。

[3]加热回流时注意控制加热温度,否则 HBr 大量被氧化,甚至会产生少量黑色碳渣。回流时间太短,则反应物中残留的正丁醇量增加。但将回流时间继续延长,产率也不能提高多少。

[4]用盛清水的试管收集馏出液,看有无油滴。粗 1-溴丁烷约 14 ml。

[5]馏出液分为两层,通常下层为粗 1-溴丁烷(油层),上层为水。若未反应的正丁醇较多,或因蒸馏的时间过久而蒸出一些氢溴酸恒沸液,则液层的比重发生变化,油层可能悬浮或

变成上层。如遇此现象,可加清水稀释使油层下沉。

[6]粗1-溴丁烷中所含的少量未反应的正丁醇也可以用6 ml浓盐酸完全洗去。使用浓盐酸时,1-溴丁烷在下层。

[7]油层如呈红棕色,系含有游离的溴。此时可用溶有少量亚硫酸氢钠的水溶液洗涤以除去溴。其反应方程式为:

$$Br_2 + NaHSO_3 + H_2O \rightarrow 2HBr + NaHSO_4$$

[8]本实验制备的1-溴丁烷经气相色谱分析,均含有1%~2%的2-溴丁烷。制备时如回流时间较长,2-溴丁烷的含量较高,但回流到一定时间后2-溴丁烷的量就不再增加。

五、思考题

1. 是否可以将加料顺序改为:先加 NaBr 和硫酸,再加正丁醇? 为什么?
2. 加硫酸充分振摇的目的是什么? 试提出其他合理的加料方案。
3. 本实验有哪些副反应? 如何减少副反应?
4. 反应时硫酸的浓度太高或太低会有什么结果?
5. 试说明各步洗涤的作用。

实验3　苯乙酮的制备

一、实验目的

1. 掌握傅瑞德尔-克拉夫茨(Friedel-Crafts)酰基化反应制备芳香酮的原理及方法。
2. 掌握有机合成的无水实验操作及试剂的预处理方法。

二、实验原理

在无水 AlCl$_3$ 等路易斯酸催化下,芳环上的氢原子能被烷基和酰基所取代,称为傅瑞德尔-克拉夫茨(Friedel-Crafts)反应,这是制备烷基苯和芳香酮的方法。

苯和乙酸酐在无水 AlCl$_3$ 催化下反应生成苯乙酮。

$$\text{苯} + (CH_3CO)_2O \xrightarrow{\text{无水AlCl}_3} \text{苯-}\overset{O}{\underset{}{C}}CH_3 + CH_3COOH$$

三、实验试剂

苯 25 ml(22 g,0.28 mol),无水 AlCl$_3$16 g(0.12 mol),乙酸酐4.7 ml(5.1 g,0.05 mol),浓盐酸,浓硫酸,5%氢氧化钠溶液。

实验所需时间:8 h。

四、实验步骤

本实验所用的药品必须是无水的,所用的仪器必须是干燥的[1]。

100 ml 三口烧瓶,按图 2-2 搭建反应装置,回流冷凝管上口装上氯化钙干燥管并连接气体吸收装置。

在烧瓶中迅速放入 16 g 无水 $AlCl_3$[2] 和 18 ml 苯[3],在滴液漏斗中放入 4.7 ml 新蒸的乙酸酐和 7 ml 苯的混合液。在搅拌下慢慢滴加乙酐的苯溶液。反应很快开始,放出 HCl 气体, $AlCl_3$ 逐渐溶解,反应物的温度自行升高。控制滴加速度,10 min 左右滴完,保持缓慢回流。加完乙酸酐后,关闭滴液漏斗旋塞,控制加热温度,保持缓慢回流 1 h[4]。

待反应物冷却后,在通风橱内[5] 把反应物慢慢地倒入 50 g 碎冰中[6],同时不断搅拌。然后加入约 30 ml 浓盐酸至析出的氢氧化铝沉淀溶解。如果仍有固体存在,再适当增加一点盐酸。用分液漏斗分出苯层。水层用 15 ml 苯分两次萃取。合并有机层和苯萃取液,依次用等体积的 5% 氢氧化钠溶液和水洗涤一次,用无水硫酸镁干燥。

将干燥后的粗产物先在 30 ml 蒸馏烧瓶内水浴上蒸去苯[7](尾气用长橡皮管通入水槽或引至室外),缓慢加热蒸去残留的苯,当温度上升至 140 ℃ 左右时,停止加热,稍冷却后改换为空气冷凝装置继续蒸馏,收集 195～202 ℃ 的馏分[8]。

产量:3.5～4 g。

纯苯乙酮是无色油状液体,熔点 19.6 ℃,沸点 202 ℃,$d_4^{20}1.028$,$n_D^{20}1.537\,2$。

注释:

[1]无水三氯化铝暴露在空气中,极易吸水分解而失去催化作用;乙酸酐遇水易水解为乙酸而降低反应活性,因此仪器或药品不干燥,将严重影响实验结果或使反应难于进行。装置中凡是和空气相通的部位,应装置干燥管。

[2]无水三氯化铝的质量是实验成败的关键之一,应当用新升华的或包装严密的试剂,研细、称量及投料均需迅速,避免长时间暴露在空气中,同时称量和加料操作最好在大功率红外灯的烘烤下进行。启封后的无水三氯化铝须保存在干燥器中。

[3]本实验最好用无噻吩的苯。要除去苯中所含噻吩,可用浓硫酸多次洗涤(每次用等体积 15% 的浓硫酸),直到不含噻吩为止,然后依次用水、10% 氢氧化钠溶液和水洗涤,用无水氯化钙干燥后蒸馏。

检验苯中噻吩的方法:取 5 滴苯于试管,加入 5 滴浓硫酸及 1～2 滴 1% 靛红的浓硫酸溶液,振摇片刻,如呈墨绿色或蓝色,表示有噻吩存在。

[4]增长回流时间,产率还可提高。

[5]如果残留无水三氯化铝,遇水则剧烈反应,产生大量 HCl 气体,因此此步操作须在通风良好的地方操作。

[6]下一步加浓盐酸处理,破坏酰基氧与 $AlCl_3$ 形成的络合物,析出产物苯乙酮,同时溶解析出的碱式铝盐沉淀,以免影响产品质量。因为分解络合物的反应是放热反应,同时反应混合物中的无水三氯化铝遇水剧烈水解,故用冰水予以降温。

[7]也可按图 3-1 装配蒸馏装置,将苯溶液倒入滴液漏斗中,先放约 10 ml 苯溶液到烧瓶中,在沸水浴上加热蒸馏,同时把剩余的苯溶液逐渐地滴加入烧瓶中。

[8]最好进行减压蒸馏,收集 86～90 ℃/1.6 kPa(12 mmHg)的馏分。苯乙酮在不同压力下的沸点如表 3-1 所示:

表 3-1 苯乙酮在不同压力下的沸点

压力/mmHg	沸点/℃	压力/mmHg	沸点/℃	压力/mmHg	沸点/℃
6	68	10	78	50	115.5
7	71	25	98	60	120
8	73	30	102	100	133.6
9	76	40	109.4	150	146

五、思考题

1. 为什么用过量的苯和无水三氯化铝,而不用催化量的无水三氯化铝?

2. 为什么乙酸酐要缓慢滴加?

3. 有机层洗涤完后,可否不用干燥?

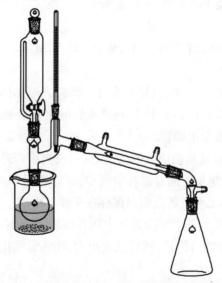

图 3-1 粗蒸苯的装置

实验4 正丁醚的制备

一、实验目的

1. 学习和掌握正丁醚的制备原理和方法。
2. 掌握带分水器的回流和简单蒸馏操作。

二、实验原理

主反应:正丁醇在加热条件下与浓硫酸作用,发生分子间脱水生成正丁醚。

$$2CH_3CH_2CH_2CH_3OH \xrightarrow[135\ ℃]{H_2SO_4} (CH_3CH_2CH_2CH_2)_2O + H_2O$$

副反应:温度过高,正丁醇分子内脱水生成丁烯;同时正丁醇高温条件下被浓硫酸氧化。

$$CH_3CH_2CH_2CH_2OH \xrightarrow[>135\ ℃]{H_2SO_4} CH_3CH_2CH = CH_2 + CH_3CH = CHCH_3 + H_2O$$

$$CH_3CH_2CH_2CH_2OH \xrightarrow{H_2SO_4} CH_3CH_2CH_2CHO \xrightarrow{H_2SO_4} CH_3CH_2CH_2COOH$$

三、实验试剂

正丁醇 31 ml (25 g, 0.34 mol),浓硫酸(密度 1.84 g/cm^3) 5 ml,50% 硫酸,无水氯化钙。

四、实验步骤

在 100 ml 圆底烧瓶中加入 31 ml 正丁醇,5 ml 浓硫酸慢慢加入并摇荡烧瓶使浓硫酸与正丁醇混合均匀,加几粒沸石。在烧瓶口上装分水器[1]和温度计,分水器上端再连一回流冷凝管。

分水器中可先加入一定量的水(水面距分水器支管约 3~5 mm)。控制温度加热,保持回流沸腾约 1 h。随着反应的进行,分水器中的水层不断增加,反应液的温度也逐渐上升。如果分水器中的水层超过了支管而流回烧瓶时,可打开螺旋夹放掉一部分水。当生成的水量达到 4.5~5 ml[2],瓶中反应温度到达 150 ℃ 左右时,停止加热。如果加热时间过长,溶液会变黑并有大量副产物丁烯生成。

待反应物稍冷,拆除分水器,将仪器用 75°弯管改装成蒸馏装置,补加二粒沸石,进行蒸馏至无馏出液为止[3]。

将馏出液倒入分液漏斗中,分去水层。粗产物用两份 15 ml 冷的 50% 硫酸[4]洗涤两次,再用等体积水洗涤两次,最后用 1~2 g 无水氯化钙干燥。干燥后的粗产物[5]倒入 50 ml 蒸馏烧瓶中(注意不要把氯化钙倒进去),蒸馏收集 139~143 ℃ 的馏分。

产量:7~8 g。

纯正丁醚为无色液体,沸点 142.4 ℃,d$_4^{15}$ = 0.773。

注释:

[1]本实验利用恒沸混合物蒸馏方法将反应生成的水不断从反应物中除去。正丁醇、正丁醚和水可能生成表 3-2 中几种恒沸混合物。

表 3-2　正丁醇、正丁醚和水生成的恒沸混合物列表

恒沸混合物		沸点/℃	组成(质量/%)		
			正丁醚	正丁醇	水
二元	正丁醇—水	93.0		55.5	45.5
	正丁醚—水	94.1	66.6		33.4
	正丁醇—正丁醚	117.6	17.5	82.5	
三元	正丁醇—正丁醚—水	90.6	35.5	34.6	29.9

含水的恒沸混合物冷凝后分层,上层主要是正丁醇和正丁醚,下层主要是水。在反应过程中利用分水器使上层有机液体不断送回到反应器中。

[2]按反应式计算,生成水的量为 3 g。实际上分出水层的体积要略大于计算量,否则产率很低。

[3]也可以略去这一步蒸馏,而将冷的反应物倒入盛 50 ml 水的分液漏斗中,按下段的方法做下去。但因反应产物中杂质较多,在洗涤分层时有时会发生困难。

[4]可由 20 ml 浓硫酸与 34 ml 水配成。正丁醇能溶于 50% 硫酸中而正丁醚很少溶解。

[5]粗正丁醚中的正丁醇和水要尽量少,否则蒸馏时,前馏分会增多,降低正丁醚的产率。

五、思考题

1. 计算理论上分出的水量。如果分出的水层超出理论数值,试探讨其原因。

2. 如果最后蒸馏前的粗产品中含有丁醇,能否用分馏的方法将它除去?这样做好不好?

实验 5　苯甲酸的制备

一、实验目的

1. 了解由甲苯制备苯甲酸的原理和方法。

2. 掌握间歇振荡、回流、减压过滤和水蒸气浴干燥等基本操作。

二、实验原理

三、实验试剂

甲苯 2.7ml(2.3 g , 0.025 mol),高锰酸钾 8.5 g(0.054 mol),浓盐酸。

四、实验步骤

在 250 ml 圆底烧瓶中加入 2.7 ml 甲苯和 80 ml 水,装上回流冷凝管,加热至沸。从冷凝管上口分批加入 8.5 g 高锰酸钾;黏附在冷凝管内壁的高锰酸钾最后用 45 ml 水冲洗入瓶内。继续煮沸并间歇摇动烧瓶,直到甲苯层几乎近于消失、回流液不再出现油珠(需 4~5 h)。

在反应混合物中加入亚硫酸氢钠固体至紫色刚褪去,然后加热至沸。趁热减压过滤,用少量热水洗涤滤渣二氧化锰。合并滤液和洗涤液,放在冰水浴中冷却,然后用浓盐酸酸化(用刚果红试纸检验),直到苯甲酸全部析出为止。

将析出的苯甲酸减压过滤,用少量冷水洗涤,挤压去水分,沸水浴干燥。

产量:约 1.7 g。

若要得到纯净产品,可在水中进行重结晶[1]。

纯苯甲酸为无色针状晶体,熔点 122.4 ℃,100 ℃左右易升华。

注释:

[1]苯甲酸在 100 ml 水中的溶解度为:4 ℃,0.18 g;18 ℃,0.27 g;75 ℃,2.2 g。

五、思考题

1. 在氧化反应中,影响苯甲酸产量的主要因素是哪些?

2. 反应完毕后,如果滤液呈紫色,为什么要加亚硫酸氢钠?

3. 精制苯甲酸还可采用什么方法?

实验 6　肉桂酸的制备

一、实验目的

1. 学习和掌握 Perkin 法制备肉桂酸的原理和方法。

2. 掌握回流、水蒸气蒸馏、结晶、减压过滤、固体干燥和重结晶等操作。

二、实验原理

苯甲醛和醋酸酐(α-C 上有活波氢的酸酐)在无水醋酸钾或醋酸钠作用下,发生 Perkin 反应生成肉桂酸(β-苯基丙烯酸),该反应类似于羟醛缩合反应。本实验用碱性催化剂碳酸钾代替醋酸钾,便于操作,也可缩短反应时间。

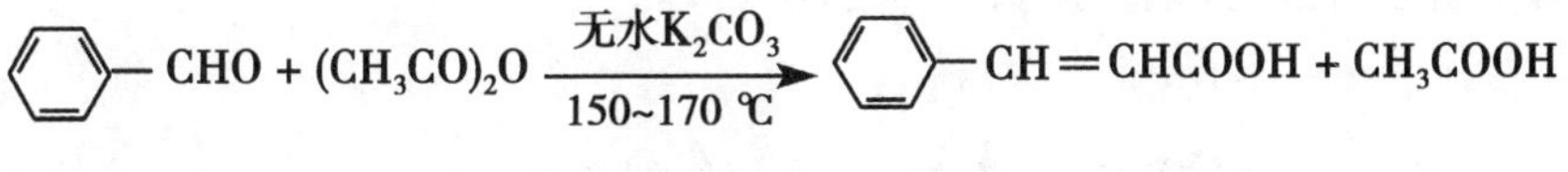

$$\text{〔}\bigcirc\text{〕}—CHO + (CH_3CO)_2O \xrightarrow[150\sim170\ ℃]{\text{无水}K_2CO_3} \text{〔}\bigcirc\text{〕}—CH=CHCOOH + CH_3COOH$$

三、实验试剂

苯甲醛 3 ml (3.2 g,0.03 mol),乙酸酐 7.3 ml (8 g,0.08 mol),浓盐酸,活性炭,无水碳酸钾 2.1 g (0.02 mol),10% 氢氧化钠溶液。

四、实验步骤

在干燥的 250 ml 三口烧瓶中放入 2.1 g 无水碳酸钾粉末[1]、3 ml 新蒸苯甲醛[2]和 7.3 ml 醋酸酐,振荡使三者混合。装好空气冷凝管和温度计,控制温度加热回流 1 h,使反应液的温度维持在 150 ~ 170 ℃。

稍微冷却一下,在三口烧瓶中加 20 ml 热水进行水蒸气蒸馏,直到馏出液中无油珠为止。在残留液中加入 25 ~ 40 ml 10% 氢氧化钠溶液中和到 pH 值为 8 ~ 9,再加入 1 ~ 2 药匙活性炭和一粒沸石,煮沸 10 min,趁热减压过滤。在通风橱中将滤液小心用浓盐酸酸化,使呈明显酸性(pH 值为 3~4),再用冷水浴充分冷却。待肉桂酸完全析出后,减压过滤。晶体用少量水洗涤,挤压去水分后,在沸水浴上干燥。产物在水中进行重结晶[3]。

产量:2~2.5 g。

肉桂酸有顺反异构体,通常以反式形式存在,为无色晶体,熔点 135~136 ℃。

注释:

[1]也可用等摩尔数的无水醋酸钠或无水醋酸钾代替,其他步骤完全相同。加料时不能让碳酸钾粘在瓶口上,否则因高温时碱性碳酸钾的腐蚀,玻璃粘连仪器无法拆卸。

[2]久置的苯甲醛含苯甲酸,故需蒸馏除去。久置的乙酸酐,易吸潮水解为乙酸,实验前必须将乙酐重蒸。乙酸酐遇水易水解,所以取药品和反应的器皿必须干燥无水,否则实验失败。

[3]也可用其他溶剂进行重结晶,肉桂酸溶解度参见表 3-3。

表 3-3　肉桂酸溶解度

温度/℃	g/100g 水	肉桂酸溶解度 g/100 g 无水乙醇	g/100 g 糠醛
0			0.6
25	0.06	22.03	4.1
40			10.9

五、思考题

1. 有何种结构的醛能进行柏金反应?

2. 什么苯甲醛和乙酐要重新蒸馏? 整套反应装置为何必须干燥?

3. 用水蒸气蒸馏除去什么? 能不能不用水蒸气蒸馏?

4. 肉桂酸干燥时,能不能用火焰直接烘干? 为什么?

实验 7　乙酸乙酯的制备

一、实验目的

1. 学习和掌握乙酸乙酯的制备原理和方法。

2. 掌握边滴加边蒸馏和简单蒸馏操作以及分液漏斗的使用。

二、实验原理

主反应:醇与羧酸在酸(质子酸、路易斯酸、固体超强酸)的催化下进行酯化反应生成酯。酯化反应一般是可逆反应,平衡转化率普遍不高。为了提高酯的产量,本实验采用加入过量乙醇和不断蒸出产物酯、水两种措施提高反应产率。

$$CH_3COOH + C_2H_5OH \underset{120 \sim 125\ ℃}{\overset{H_2SO_4}{\rightleftharpoons}} CH_3COOC_2H_5 + H_2O$$

副反应:

$$2CH_3CH_2OH \xrightarrow[140\ ℃]{H_2SO_4} CH_3CH_2OCH_2CH_3 + H_2O$$

$$CH_3CH_2OH \xrightarrow[170\ ℃]{H_2SO_4} CH_2{=\!\!=\!\!=}CH_2 + H_2O$$

三、实验试剂

冰醋酸 15 g 14.3 ml (0.25 mol),乙醇(95%)23 ml(约 0.37 mol),浓硫酸,饱和碳酸钠溶液,饱和氯化钙溶液,无水碳酸钾,饱和食盐水。

四、实验步骤

在 100 ml 三口烧瓶中,加入 3 ml 乙醇。然后一边摇动,一边慢慢地加入 3 ml 浓硫酸。在滴液漏斗(或分液漏斗)中,装入剩下的 20 ml 乙醇和 14.3 ml 冰醋酸的混合液。控制温度加热,保持反应混合物的温度为 120 ~ 125 ℃。然后把滴液漏斗中的乙醇和醋酸的混合液慢慢地滴入蒸馏烧瓶中。调节滴加速度大致等于蒸馏速度,控制加料时间约 60 min。滴加完毕后,继续加热约 10 min,直到不再有液体馏出为止。整个过程,注意控制温度 120 ~ 125 ℃。

反应完毕后,向馏出液中加入饱和碳酸钠溶液,直到无二氧化碳气体逸出。饱和碳酸钠溶液要分批缓慢加入,并不断搅拌[1]。把混合液倒入分液漏斗中,静置,放出下面的水层。用石蕊试纸检验酯层。如果酯层仍显酸性,再用饱和碳酸钠溶液洗涤,直到酯层不显酸性为止。用等体积的饱和食盐水洗涤[2],再用等体积的饱和氯化钙溶液洗涤两次[3]。放出下层废液。从分液漏斗上口将乙酸乙酯倒入干燥的小锥形瓶内,加入无水碳酸钾干燥[4]。放置约 20 min,在此期间要间歇振荡锥形瓶。

用倾斜法把干燥的粗乙酸乙酯倒入 50 ml 蒸馏烧瓶中,在水浴上加热蒸馏,收集 74 ~ 80 ℃的馏分[5]。

产量:14.5 ~ 16.5 g。

纯乙酸乙酯是具有果香的无色液体,沸点 77.2 ℃,$d_4^{20} = 0.901$。

注释:

[1]馏出液中可能含有大量未反应的乙酸,若一次加入过多的碳酸钠溶液,会立即产生大量 CO_2 而将有机液体冲出,造成产品大量损失。

[2]粗乙酸乙酯用碳酸钠溶液洗涤后,酯层中残留少量碳酸钠,若立即用饱和氯化钙溶液洗涤会生成不溶性碳酸钙,呈絮状物飘浮在溶液中难于除去。故先用饱和氯化钠溶液洗涤以除去残留的碳酸钠。不能用水代替饱和食盐水,一是因为乙酸乙酯在水中的溶解度较大,若用水洗涤,必然会有一定量的酯溶解在水中而造成损失;另外乙酸乙酯的相对密度(0.900 5)与水接近,若用水洗后很难分层。饱和氯化钠溶液对有机物起盐析作用,使乙酸乙酯在水中的溶解度大降低;同时饱和氯化钠溶液的相对密度较大,在洗涤之后,静置便可分离,缩短了洗涤时间。

[3]饱和氯化钙溶液洗涤除去乙醇,因为乙醇与氯化钙生成结晶醇 $CaCl_2 \cdot 4C_2H_5OH$,溶于水不溶于乙酸乙酯而除去。

[4]也可用无水硫酸镁作干燥剂。不能用氯化钙干燥,乙酸乙酯会与氯化钙生成络合物,造成产品的损失。

[5]乙酸乙酯与水形成沸点为 70.4 ℃的二元恒沸混合物(含水 81%);乙酸乙酯、乙醇和水形成沸点为 70.2 ℃的三元恒沸混合物(含乙醇 8.4%,水 9%)。如果在蒸馏前不把乙酸乙酯中的水和乙醇除尽,就会有较多的前馏分。

五、思考题

1. 本实验中,硫酸起什么作用?

2. 本实验采取了哪些措施来提高可逆反应的转化率?为什么要用过量的乙醇?

3. 蒸出的粗乙酸乙酯中主要有哪些杂质?

4. 能否用浓氢氧化钠溶液代替饱和碳酸氢钠溶液来洗涤蒸馏液?

5. 用饱和氯化钙溶液洗涤,除去什么?为什么先要用饱和食盐水洗涤?是否可用水代替?

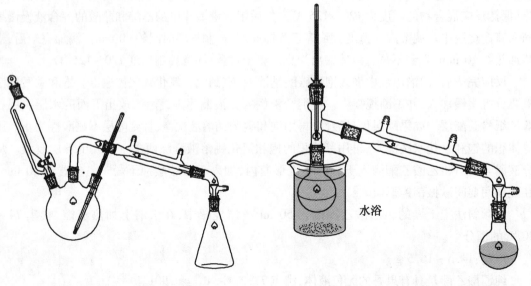

图 3-2　乙酸乙酯合成装置图　　　　　图 3-3　水浴蒸馏装置图

实验 8　双酚 A 的制备

一、实验目的

1. 掌握制备双酚 A 的原理和方法,掌握利用搅拌提高非均相反应速率的方法。

2. 练习搅拌速度控制、水浴控温和减压过滤等操作。

二、实验原理

苯酚中苯环受-OH 的活化,容易在-OH 邻对位发生亲电取代反应。丙酮在催化剂质子酸 H_2SO_4 作用下,发生如下反应:

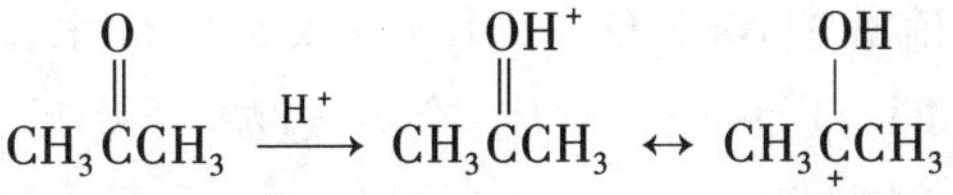

$$\underset{CH_3CCH_3}{\overset{O}{\|}} \xrightarrow{H^+} \underset{CH_3CCH_3}{\overset{OH^+}{\|}} \leftrightarrow \underset{CH_3\overset{+}{C}CH_3}{\overset{OH}{|}}$$

生成的 C$^+$ 中间体进攻苯酚发生亲电取代反应,进一步缩合生成产物双酚 A[2,2-双(4-羟苯基)丙烷]。

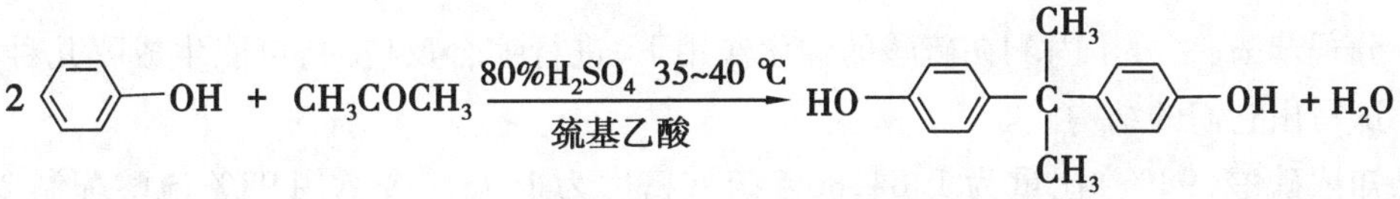

$$2 \langle\!\!\bigcirc\!\!\rangle\text{—OH} + CH_3COCH_3 \xrightarrow[\text{巯基乙酸}]{80\%H_2SO_4 \ 35\sim40\ ℃} HO\text{—}\langle\!\!\bigcirc\!\!\rangle\text{—}\underset{CH_3}{\overset{CH_3}{\underset{|}{\overset{|}{C}}}}\text{—}\langle\!\!\bigcirc\!\!\rangle\text{—OH} + H_2O$$

反应过程中以甲苯为分散剂,防止反应生成物结块;控制反应温度 35~40 ℃,尽量减少磺化、氧化等副反应。甲苯和硫酸不相溶,反应体系为两相,反应难以进行,需利用搅拌促使各相混合,提高反应速率。

三、实验试剂

丙酮 3.1 g 4 ml(0.053 mol),苯酚 10 g (0.106 mol),硫酸(80%) 7 ml,甲苯 17 ml,巯基乙酸。

四、实验步骤

用小烧杯称取 10 g 苯酚[1],小心转入在 250 ml 三口烧瓶中,加入 17 ml 甲苯,并将 7ml 80% 硫酸缓缓加入瓶中,然后在搅拌下加入 5~8 滴巯基乙酸[2],最后迅速滴加 4 ml 丙酮,控制反应温度不超过 35 ℃。滴加完毕后,在 35~40 ℃下保温快速搅拌约 30 min,反应物变为浅黄色黏稠糊状物。将反应混合物倒出,用 50~100 ml 冷水将黏附在反应瓶中的反应混合物洗出。静置,待完全冷却后,过滤,并用大量冷水将固体产物洗涤至滤液不显酸性,即得粗产品。滤液中甲苯分液后回收。

将粗产品干燥后,用甲苯进行重结晶,每克粗产品需 8~10 ml 甲苯。

产量:约 8 g。

纯双酚 A 是白色针状晶体,熔点 155~156 ℃。

注释:

[1]苯酚凝固点为 40.5 ℃,性状为坚硬块状固体,需捣碎后加入反应瓶,否则影响搅拌。粘在烧杯和瓶口上的苯酚,可用随后要加入的 17 ml 甲苯多次淌洗,转入反应瓶。苯酚对皮肤有较强腐蚀性,要小心操作。如果发现皮肤被苯酚腐蚀,发白,可用稀的 Na_2CO_3 水溶液浸泡几分钟后,用清水冲洗。

[2]本实验用巯基乙酸作助催化剂,也可用 "591" 助催化剂(0.5 g)。

"591" 助催化剂的制备方法如下:

仪器装备与制备双酚 A 装置相同,用 500 ml 三口烧瓶。

在三口烧瓶中加入 78 ml 乙醇,开动搅拌器后加入 23.6 g 一氯醋酸,在室温下溶解。溶解后再滴加 35.5 ml 30% 氢氧化钠溶液,直至烧瓶中的溶液之 pH = 7 为止(若 pH > 7,可继续加碱,若 pH < 7,则可加一氯醋酸)。中和时液温控制在 60 ℃ 以下。中和后,加入事先配制好的硫代硫酸钠溶液(62 g 硫代硫酸钠 Na$_2$S$_2$O$_3$ · 5H$_2$O 加入 8.5 ml 水,加热至 60 ℃ 溶解)。加完后搅拌,升温至 75 ~ 80 ℃,即有白色固体生成,冷却,过滤,干燥后,则得到白色固体产物,即 "591"。此物易溶于水,勿加水洗涤。

五、思考题

1. 一分子苯酚、一分子丙酮在硫酸的催化作用下,进行缩合反应时,可能生成哪几种异构的产物? 试写出它们的结构式。

2. 已知浓硫酸(98%)比重为 1.84,80% 硫酸密度为 1.73。今欲用 98% 硫酸配制 20 ml 80% 硫酸,应怎样配制?

实验 9 己二酸的制备

一、实验目的

1. 掌握用环己醇氧化制备己二酸的基本原理和方法。
2. 掌握浓缩、过滤、重结晶等基本操作。
3. 熟练和掌握有害气体吸收的回流操作。

二、实验原理

用硝酸或高锰酸钾氧化环己醇可制备己二酸,己二酸是合成尼龙-66 的主要原料之一。

$$3 \bigcirc\!\!-OH + 8HNO_3 \xrightarrow{\triangle} 3HOOC(CH_2)_4COOH + 8NO + 7H_2O$$
$$\downarrow{O_2}$$
$$8NO_2$$

三、实验试剂

环己醇 6 ml(2 g , 0.06 mol),50% 硝酸(d = 1.31)18 ml (0.18 mol)。

四、实验步骤

在装有回流冷凝管、温度计和滴液漏斗的 100 ml 三口烧瓶中,放置 18 ml(0.19 mol)50% HNO$_3$[1],及少许偏钒酸铵(约 0.03 g)[2],滴液漏斗中放置 6 ml 环己醇(约 0.06 mol)[3],装好尾气吸收装置,用碱液吸收反应过程中产生的 NO$_2$ 气体。水浴控温 50 ℃ 左右,搅拌条件下滴加 6 ~ 8 滴环己醇。继续搅拌至反应被引发,生成棕红色 NO$_2$ 气体,再缓慢滴加剩余的环己醇,注意控制滴加速度[4],使反应瓶内温度维持在 50 ~ 60 ℃[3]。滴加完后升温至 80 ~ 90 ℃的反应,至几乎无棕红色 NO_2 气体放出为止,约需 15 min。将反应混合物溶液趁热倒入 100 ml 的烧杯中,冷却后析出己二酸,抽滤,用 15 ml 冷水洗涤两次,干燥,粗产物约 6 g。

己二酸粗品可用水重结晶。纯己二酸为白色棱状晶体,产量约 5.1 g,m. p. = 153 ℃。

注释：

[1]硝酸浓度过高,反应太剧烈难以控制。50% HNO_3 的配制可用浓硝酸(d = 1.42 ,浓度约 71%) 11.7 ml 稀释到 18 ml。

[2]偏钒酸铵不可多加,否则产品发黄。

[3]在量取环己醇时不可使用量过硝酸的量筒,因为二者会激烈反应,容易发生意外。

环己醇熔点 24 ℃,在较低温度下为针状晶体,熔化时为黏稠液体,量取后用少量水冲洗量筒,一并加入滴液漏斗中,减少器壁黏附损失;同时少量水的存在可降低环己醇的熔点,避免在滴加过程中结晶堵塞滴液漏斗。

[4]本反应强烈放热,环己醇切不可一次加入过多,否则反应太剧烈,可能引起爆炸。

[5]实验产生的二氧化氮气体有毒,要求装置严密不漏气,并要作好尾气吸收。

五、思考题

实验过程为什么必须严格控制环己醇的滴加速度和严格控制温度?

实验 10　邻苯二甲酸二正丁酯的制备

一、实验目的

1. 掌握提高可逆反应产率制备邻苯二甲酸二正丁酯的原理和方法。
2. 熟练掌握和巩固分水器的使用方法及回流操作。
3. 熟练掌握减压蒸馏的原理和操作。

二、实验原理

邻苯二甲酸二正丁酯是塑料、合成橡胶、人造革等的常用增塑剂,也是香料的溶剂和固定剂。可由邻苯二甲酸酐酐(简称苯酐)在酸催化下,与正丁醇反应制备。

合成反应分两步进行,第一步反应苯酐与一分子正丁醇反应生成邻苯二甲酸单丁酯,本质上是酸酐的醇解,很容易进行,反应迅速而完全;第二步是可逆酯化反应,须在较高温度下长时间回流反应,为了使反应顺利向右进行,使用过量的正丁醇,并利用分水器把反应过程中生成的水不断地从反应体系中移去。

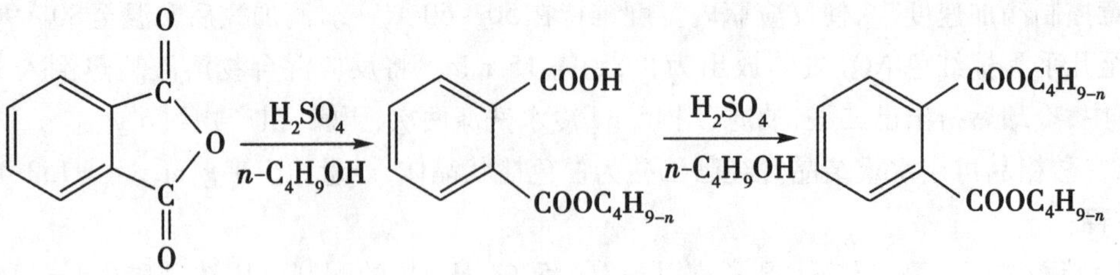

三、实验试剂

邻苯二甲酸酐 14.8 g(0.1 mol),正丁醇 27.4 ml (22.2 g, 0.3 mol),浓硫酸,5% 碳酸钠溶液,饱和食盐水,无水硫酸镁。

四、实验步骤

安装回流分水反应装置,在 100 ml 三口烧瓶中,加入 14.8 g 邻苯二甲酸酐、27.4 ml 正丁醇、3~4 滴浓硫酸,充分摇匀;分水器中加入正丁醇直至与支管相平。缓慢加热混合物至沸腾,间歇摇动烧瓶。待邻苯二甲酸酐固体全部消失后[1],逐渐提高温度,回流酯化,瓶内反应物温度上升到160 ℃[2]时便可停止反应。待反应液冷却到70 ℃以下,在分液漏斗中用等体积饱和食盐水洗涤两次,等体积 5% 碳酸钠溶液洗涤一次,然后再用饱和食盐水洗至中性[3]。分离出油状粗产物转入干燥的锥型瓶,无水硫酸镁干燥。

安装减压蒸馏装置,将干燥后的粗产品滤入圆底烧瓶中,先在水循环式真空泵减压下蒸去过量的正丁醇,然后用油泵进行减压蒸馏,收集 200 ~ 210 ℃/2.6 kPa(20 mmHg) 或 180 ~ 190 ℃/1.3 kPa(10 mmHg) 馏分。

产量:约 20 g。

邻苯二甲酸二正丁酯为无色油状液体,$d_4^{20} = 1.046$,熔点为 –3.5 ℃,沸点为 340 ℃,折射率为 1.790 0。

注释:

[1]反应开始时须缓慢加热,待苯酐固体消失后,才能提高加热速度,否则苯酐高温升华造成原料损失。

[2]反应终点也可以分水器中无水珠下沉为标志;整个反应过程温度不能超过 180 ℃,否则酸性条件下,邻苯二甲酸二正丁酯发生分解反应生成苯酐、丁烯和水。

[3]中和温度不宜超过 70 ℃,碱的浓度也不宜过高,更不能用氢氧化钠,否则酯易发生皂化反应;粗酯中的酸洗涤要彻底,否则减压蒸馏时,残留的酸会催化邻苯二甲酸二正丁酯分解。

五、思考题

1. 丁醇在浓硫酸存在下加热到160 ℃时,可能有哪些副反应? 如果浓硫酸用量过多,会有什么不良影响?

2. 为什么要把反应物的温度控制在 160 ℃以内?

3. 为什么中和反应物用的是 5% 碳酸钠溶液,而不是用氢氧化钠溶液。

4. 为什么减压蒸馏可在多个温度范围收集馏分?

实验 11　从茶叶中提取咖啡因

一、实验目的

1. 了解从茶叶中提取咖啡因的原理及方法。
2. 练习并掌握脂肪提取器(索氏提取器)的使用方法。
3. 练习并掌握利用升华法提纯有机化合物的操作技能。

二、实验原理

茶叶中含有咖啡因,占 1% ~ 5% ,另外还含有 11% ~ 12% 的丹宁酸(鞣酸),0.6% 的色素、纤维素、蛋白质等。茶叶中的咖啡因,可用适当的溶剂(如乙醇等)在脂肪提取器中连续萃取,浓缩蒸除溶剂,得到粗品,然后升华纯化而制得。

咖啡因是杂环化合物嘌呤的衍生物,它的化学名称为:1,3,7-三甲基-2,6-二氧嘌呤,可作为中枢神经兴奋药,也是复方阿斯匹林(APC)等药物的组分之一。

含结晶水的咖啡因系无色针状结晶,味苦,能溶于水、乙醇、氯仿等。在 100 ℃ 时即失去结晶水,并开始升华,120 ℃ 时显著升华,178 ℃ 时很快升华。无水咖啡因的熔点为 234.5 ℃ 。

咖啡因

三、实验试剂

乙醇(95%) 120 ml ,茶叶 10 g ,生石灰 4 g。

四、实验步骤

称取 10 g 茶叶,略加粉碎,装入滤纸做成与脂肪提取器大小相适应的套筒内,小心封口,装入索氏提取器中[1]。烧瓶中加入 120 ml 95% 的乙醇,几粒沸石。水浴加热,连续提取至提取液基本上呈无色或淡青绿色,停止提取。待冷凝液恰好虹吸下去时,立即停止加热。提取过程需时 2.5 ~ 3 h。

稍冷,改成蒸馏装置,水浴加热回收大部分溶剂。待剩下 10 ml 左右残液时[2],停止蒸馏,趁热将残液转入瓷蒸发皿中,拌入 4 g 生石灰粉[3],在蒸气浴上用玻璃帮不断搅拌,蒸发残液并炒干。用玻璃棒研细,覆盖一层穿刺了许多小孔的滤纸和一个倒扣的玻璃漏斗,漏斗口用棉花塞住,将蒸发皿在石棉网上小火缓慢加热[4],进行升华。注意控制温度,不能过高,否则产物炭化。当出现棕色烟雾时,停止加热。冷却后揭开漏斗和滤纸,小心把附着于滤纸和漏斗上的咖啡因白色晶体刮下[5],称重。

注释:

[1]封口后制成的茶叶袋,其高度不要超过虹吸管。在提取时高出虹吸管的部分,不能被溶剂浸泡,提取效果不好。茶叶袋筒的粗细应和提取器内筒大小相适,以刚好能紧贴器壁为

宜。过细则会在提取时飘浮起来;过粗而强行装入,会导致茶叶压紧,溶剂不好渗透,提取效果不好,甚至不能虹吸。茶叶袋筒的封口要严,防止茶叶沫漏出,堵塞虹吸管。

[2]浓缩萃取液时不可蒸得太干,否则因残液很粘而难于转移,造成转移损失。

[3]生石灰的作用除吸水外,可中和除去部分酸性杂质。

[4]影响收率本实验的关键是升华。

升华过程必须严格控制加热温度,温度太高,滤纸和咖啡因都会炭化变黑;温度过低,则浪费时间,咖啡因也不能完全升华。所以一定要小火加热,慢慢升温,火焰刚好接触石棉网,徐徐加热 10 ~ 15 min。也可用沙浴控制加热温度。

[5]刮下咖啡因时要小心操作,防止混入杂质。

五、思考题

1. 索氏提取器的萃取原理是什么? 相比普通的浸泡提取,它有何优点?
2. 升华方法适应哪些物质的纯化? 可如何改进升华的实验方法?
3. 除可用乙醇萃取咖啡因外,还可采用哪些溶剂萃取?

实验 12 由苯胺制备对硝基苯胺

一、实验目的

1. 掌握通过苯胺多步连续合成制备对硝基苯胺的原理和方法。
2. 掌握氨基的保护和去保护的原理和实验操作。
3. 练习和掌握分馏、重结晶、低温反应等操作技术。

二、实验原理

芳环上的氨基易被氧化,因此由苯胺制备对硝基苯胺,不能直接硝化,须先保护氨基。一般是将苯胺乙酰化转化为乙酰苯胺,保护氨基后再硝化。在芳环上引入硝基后,再水解去保护恢复氨基,从而得到对硝基苯胺。另外氨基酰化后,降低了氨基对苯环亲电取代反应的活化能力,又因为乙酰基的空间效应,可提高生成对位产物的选择性。

1. 苯胺的乙酰化

苯胺的乙酰化在有机合成中有重要的作用。除具有保护苯环上氨基的作用外,生成的乙酰苯胺本身也是重要的药物,也是磺胺类药物合成中重要的中间体。本实验采用乙酸作酰化试剂。

$$\text{\Large \bigcirc}\!\!-\!NH_2 + CH_3COOH \underset{\Delta}{\overset{}{\rightleftharpoons}} \text{\Large \bigcirc}\!\!-\!NHCOCH_3 + H_2O$$

乙酸与苯胺的反应是可逆的,且反应速率较慢。本实验采用乙酸过量的方法和利用分馏柱将反应中生成的水蒸除,使平衡向生成水的方向移动而提高乙酰苯胺的产率。

同时由于苯胺易氧化,在反应过程体系中加入少量锌粉,防止苯胺在反应过程中氧化。

2. 对硝基乙酰苯胺的制备

乙酰苯胺与混酸反应,硝化的位置与反应温度有关。在低温(低于 5 ℃)下产物以对硝基乙酰苯胺为主;硝化温度升高,邻硝基乙酰苯胺产物增多,在 40 ℃时约为 25%。

主反应:

$$\text{\large⬡}—NHCOCH_3 \xrightarrow[\text{浓}H_2SO_4,\ <5\ ℃]{HNO_3} O_2N—\text{\large⬡}—NHCOCH_3$$

副反应:

$$\text{\large⬡}—NHCOCH_3 \xrightarrow[\text{浓}H_2SO_4]{HNO_3} \overset{NO_2}{\text{\large⬡}}—NHCOCH_3$$

3. pH = 10 时,邻位产物较对位产物易水解,生成的邻硝基苯胺又溶于 50 ℃ 的碱液,故将混合产物与碳酸钠溶液共沸水解,50 ℃过滤即可除去邻位副产物。对位产物再与氢氧化钠溶液共沸,水解得对硝基苯胺。

主反应:

$$O_2N—\text{\large⬡}—NHCOCH_3 \xrightarrow[NaOH]{H_2O} O_2N—\text{\large⬡}—NH_2 + CH_3COONa$$

副反应:

$$\overset{NO_2}{\text{\large⬡}}—NHCOCH_3 \xrightarrow[NaOH]{H_2O} \overset{NO_2}{\text{\large⬡}}—NH_2 + CH_3COONa$$

三、实验试剂

新蒸苯胺 15.3 g(15 ml , 0.165 mol),冰醋酸 26.7 g(25.5 ml , 0.45 mol),锌粉,活性炭,浓硫酸 10 ml ,浓硝酸。

四、实验步骤

1. 苯胺的乙酰化

在 100 ml 圆底烧瓶[1]中,加入 15 ml 新蒸苯胺[2]、25.5 ml 冰乙酸和约 0.3 g[3]锌粉。搭好分馏装置,接引管直接与蒸馏头连接,25 ml 量筒作接收器,量筒置于盛有冷水的烧杯中。

缓慢加热使反应物微沸 15 min。然后逐渐升高温度,温度达到 100 ℃左右,蒸馏头支管有液体流出。控制分馏柱温度在 100～110 ℃[4]之间反应进行约 40 min,反应所生成的水和大部分乙酸已被蒸出[5]。当温度计的读数不断下降或反应瓶内出现白雾时,表示反应已经完成。在搅拌下将反应液趁热[6]倒入 250 ml 冷水中,有细粒状固体析出。充分冷却后抽滤,并用少量冷水洗涤固体,得到白色或带黄色的乙酰苯胺粗品。

2. 乙酰苯胺的重结晶

粗产品加入 150 ml 水,加热回流。观察是否有未溶解的油状物,如有则补加水,直到其全部溶解,再补加约 20% 的水。稍冷却后,加入少量活性炭煮沸 10 min。趁热过滤,滤液自然冷却,过滤,冷水洗涤,干燥,得白色片状结晶,熔点 113 ~ 114 ℃。

纯乙酰苯胺为鳞片状晶体,熔点 114.3 ℃。

3. 对硝基乙酰苯胺的制备

15 ml 冷的浓硫酸置于烧杯中,搅拌下分批加入 6.8 g 干燥研细的乙酰苯胺,充分搅拌至完全溶解[7],冰盐浴冷却至 0 ℃。不断搅拌下,用滴管缓慢滴加 2.5 ml 浓硫酸和 4 ml 浓硝酸配制的混酸,滴加过程控制反应温度 0 ~ 2 ℃,不可超过 5 ℃[8]。约 20 min 加完混酸,在室温下搅拌 30 min 后,将反应混合物缓慢倒入装有 20 ml 水和 35 g 碎冰的烧杯,并不断搅拌,立即析出淡黄色的对硝基乙酰苯胺粗品。减压过滤,尽量挤压以除去酸液,用 30 ml 冰水分两次洗涤固体[9]。粗产物放入盛有 30 ml 水的烧杯中,加入碳酸钠粉末,不断搅拌,直至混合物呈碱性(酚酞试纸变红)。将混合物煮沸后冷却,至 50 ℃时[10]迅速抽滤,滤饼用 50℃的热水充分洗涤,得到对硝基乙酰苯胺,约 8 g。

若需进一步纯化,可在乙醇—水混合溶剂中重结晶。

纯对硝基乙酰苯胺为无色晶体,熔点 215.0 ℃。

4. 对硝基乙酰苯胺水解制备对硝基苯胺

8 g 对硝基乙酰苯胺加入 7 ml 35% NaOH 水溶液中[11],再加入 15 ml 水,加热微沸 20 ~ 30 min[11],待反应混合物冷却至 50 ℃时,迅速抽滤,晶体用少量冷水洗涤 2 次。1:1 的乙醇—水混合溶剂重结晶[12],产量约 4 ~ 5 g。

纯对硝基苯胺为黄色针状晶体,熔点 147.7 ℃。

注释:

[1] 反应中所用玻璃仪器必须干燥。

[2] 久置的苯胺因为氧化而颜色较深,会影响乙酰苯胺的质量,使用前需重蒸。

[3] 锌粉的作用是防止苯胺氧化,少量即可。锌粉过多会出现不溶于水的 $Zn(OH)_2$。

[4] 分馏温度不能太高,防止大量乙酸蒸出而降低产率。

[5] 收集乙酸和水的总体积约 8 ml。

[6] 反应混合物冷却后,固体产物立即析出,粘在瓶壁上不易取出。故须趁热在搅拌下倒入冷水,以除去过量的乙酸和未反应的苯胺(生成乙酸苯胺而溶于水)。

[7] 溶解时温度不宜超过 25 ℃,防止乙酰苯胺水解;在此温度下,完全溶解约需 15 min。

[8] 在低温(低于 5 ℃)下反应,主要产物为对硝基乙酰苯胺;高温反应邻位产物比例增加。

[9] 特别是硝酸,必须用水洗净,否则对硝基乙酰苯胺水解时,就可能生成黑色的氧化物。

[10] 当 pH 值为 10 时,邻硝基乙酰苯胺易水解为邻硝基苯胺,而对位产物不水解;邻硝基苯胺在 50 ℃时又溶于碱溶液,故在 50 ℃时减压过滤即可除去。

[11] 也可在酸性条件下水解,但残留的邻位副产物需碱性才能除去;另外注意碱液切勿

沾污磨口,否则加热后磨口处玻璃粘连,无法打开仪器。

[12]硝基苯胺长时间与碱液共沸,氨基易水解为羟基,因此碱性水解时不可久煮。可吸取少量反应混合液,滴入到10%盐酸中,若无沉淀析出,则表示水解反应已经完成。

五、思考题

1. 制备乙酰苯胺时,为什么使用分馏柱来除去反应所生成的水?普通蒸馏是否可以?

2. 制备乙酰苯胺的反应完成时,温度计的温度为何会下降?

3. 制备对硝基乙酰苯胺时,为什么需低温反应?加碳酸钠的作用是什么,可否用氢氧化钠直接代替碳酸钠?

实验 13　2-甲基-2-己醇的制备

一、实验目的

1. 掌握 Grignard 试剂的制备和通过 Grignard 试剂制备醇的原理。

2. 练习和掌握电动搅拌机的安装和使用方法。

3. 巩固回流、萃取、蒸馏和无水条件实验操作等技能。

二、实验原理

利用 Grignard 反应是合成各种结构复杂醇的主要方法。卤代烷在无水乙醚或 THF 中与金属 Mg 反应生成烷基卤化镁(Grignard 试剂),Grignard 试剂与醛、酮、羧酸衍生物和环氧乙烷等发生亲核加成反应,加成产物水解得到各种结构的醇。

本实验利用 1-溴丁烷经 Grignard 试剂与丙酮反应制备 2-甲基-2-己醇。

$$n\text{-}C_4H_9Br + Mg \xrightarrow{\text{无水乙醚}} n\text{-}C_4H_9MgBr$$

$$n\text{-}C_4H_9MgBr + CH_3COCH_3 \xrightarrow{\text{无水乙醚}} n\text{-}C_4H_9\underset{\underset{OMgBr}{|}}{C}(CH_3)_2$$

$$n\text{-}C_4H_9\underset{\underset{OMgBr}{|}}{C}(CH_3)_2 + H_2O \xrightarrow{H^+} n\text{-}C_4H_9\underset{\underset{OH}{|}}{C}(CH_3)_2$$

制备 Grignard 试剂时,水分的存在会抑制反应的引发;且 Grignard 试剂遇水分解影响产率,所以反应须在无水条件下进行,所用仪器和试剂都需干燥,采用新制无水乙醚作溶剂。

Grignard 反应是放热反应,故卤代烃的滴加不宜过快,必要时可冷水冷却。当反应开始后,调节滴加速度,使反应物保持微沸状态即可。在反应不宜发生时,可用温水浴加热或加入少量碘粒引发反应。

三、实验试剂

镁条 3.1 g(0.13 mol),1-溴丁烷 13.5 ml(17 g,0.13 mol),丙酮 10 ml(7.9 g,0.14 mol),

无水乙醚(自制),乙醚,10% H_2SO_4,5% Na_2CO_3,无水 K_2CO_3,无水 $CaCl_2$。

四、实验步骤

1. 正丁基溴化镁的制备

150 ml 三口烧瓶,按图 2-2 搭建反应装置[1],回流冷凝管上口装上无水 $CaCl_2$ 干燥管(阻隔空气中的水汽)。向三颈瓶内投入 3.1 g 镁条或新处理的镁屑[2]、15 ml 无水乙醚及一小粒碘。在恒压滴液漏斗中混合 13.5 ml 1-溴丁烷和 15 ml 无水乙醚。

先往三口烧瓶内滴入约 5 ml 混合液,数分钟后溶液呈微沸状态,碘的颜色消失。若不发生反应,可用温水浴加热。反应开始比较剧烈,必要时可用冷水浴冷却。

待反应缓和后,至冷凝管上端加入 25 ml 无水乙醚。开动搅拌器,并滴入其余的 1-溴丁烷与无水乙醚的混合液,控制滴加速度维持反应液呈微沸状态。滴加完毕后,在热水浴上回流 20 min,使镁条基本上完全作用。

2. 2-甲基-2-己醇的制备

在冰水浴冷却和搅拌下,将 10 ml 丙酮和 15 ml 无水乙醚的混合液自恒压滴液漏斗滴入制好的 Grignard 试剂[3]。控制滴加速度,维持反应液呈微沸状态。滴加完后,在室温下继续搅拌 15 min,最后三口烧瓶有白色粘稠状固体析出。

将反应瓶在冰水浴冷却和搅拌下,自恒压滴液漏斗中分批加入 100 ml 10% 硫酸溶液,分解加成产物(开始滴入宜慢,以后可逐渐加快)。待分解完全后,将溶液倒入分液漏斗中,分出醚层。水层用 25 ml 乙醚萃取两次,合并醚层,用 30 ml 5% Na_2CO_3 溶液洗涤一次,无水 K_2CO_3 干燥。

干燥后的粗产物醚溶液分批滗入小烧瓶中,温水浴蒸去乙醚,最后再在石棉网上直接加热蒸出产品,收集 137～141 ℃馏分。

纯的 2-甲基-2-己醇为无色液体,沸点为 143 ℃, d_4^{20} 为 0.811 9, n_4^{20} 为 1.417 5。

注释:

[1]反应所用玻璃仪器必须干燥;1-溴丁烷和丙酮分别用无水 $CaCl_2$ 和无水 K_2CO_3 干燥,并蒸馏纯化。

[2]久置的镁条表面有一层氧化层,使用前需用细砂纸打磨擦亮,除去氧化层并剪成小段。用镁屑时,因久置的镁屑表面的氧化膜会影响反应发生,使用前用 5% HCl 浸泡几分钟,减压过滤除去稀酸,再依次用水、乙醇和乙醚洗涤,快速晾干后即可使用。

[3]制备的 Grignard 试剂无需分离,直接用于下步加成反应;加成反应也需在无水条件下进行。

五、思考题

1. 涉及 Grignard 试剂的实验,为什么所使用的仪器药品均需均对干燥?本实验为此采取了哪些措施?

2. Grignard 试剂的相关反应也须在无氧条件进行,本实验为什么没事先驱赶容器的空气,且没有采用惰性气体保护?

3. 乙醚在本实验各步骤中的作用分别是什么？使用乙醚应注意哪些安全问题？

4. 本实验的粗产物为什么不能用无水 CaCl$_2$ 干燥？

实验 14　甲基橙的制备

一、实验目的

1. 掌握利用重氮化反应和偶合反应制备甲基橙的原理和方法。

2. 掌握低温反应的实验操作。

二、实验原理

芳香伯胺在低温强酸性条件下,与亚硝酸反应生成相对稳定的重氮盐。重氮盐在弱酸性溶液中与芳胺、弱碱性溶液中与酚发生偶联反应,生成相应的偶氮化合物。偶氮染料就是通过这类反应合成的。

本实验利用氨基苯磺酸重氮化后,与 N,N-二甲苯胺偶联制备甲基橙。

三、实验试剂

对氨基苯磺酸 2.1 g (0.01 mol),NaNO$_2$ 0.8 g(0.011 mol),N,N-二甲基苯胺 1.2 g(约 1.3 ml, 0.01 mol),浓盐酸,氢氧化钠,乙醇,乙醚,冰醋酸。

四、实验步骤

1. 重氮盐的制备

在 50 ml 烧杯中,温热搅拌使 2.1 g 对氨基苯磺酸溶于 10 ml 5% 氢氧化钠溶液,再加入 0.8 g 亚硝酸钠的 6 ml 水溶液,混合均匀后冰盐浴冷却至 0~5 ℃。3 ml 浓盐酸与 10 ml 水配成溶液,冰盐浴冷却至 0~5 ℃后,在不断搅拌下缓缓滴加到上述混合溶液中,控制滴加速度维持温度 5 ℃以下[1]。反应液由橙黄色逐渐变为乳黄色,并有白色微晶析出[2]。滴加完后继续在冰盐浴中反应 15 min。

2. 偶联反应制甲基橙

在试管中加入 1.2 g N,N-二甲基苯胺和 1 ml 冰醋酸,并混匀。在不断搅拌下,将此混合液缓慢滴加到上述冷却的重氮盐溶液中。加完后继续搅拌 10 min,然后缓缓加入 25 ml 5%氢氧化钠溶液,反应物变为橙黄色浆状物,并有细粒状沉淀析出。

将反应物置沸水浴中加热 10 min,冷却至室温后,再放置冰浴中冷却,使晶体完全析出。抽滤,固体依次用少量水、乙醇和乙醚[4]洗涤,压紧抽干,得紫色晶体,干燥后称量。粗产品产量约 2.5 g。

3. 重结晶

粗产品用 0.4% NaOH 溶液(每克粗产品约 20 ml)重结晶[5],得亮橙黄色片状小晶体。

溶解少许甲基橙溶于水中,加几滴稀盐酸溶液,然后再加稀氢氧化钠溶液中和,观察颜色变化。

注释:

[1]重氮化过程中,应严格控制温度,反应温度若高于 5 ℃,生成的重氮盐易水解为酚,降低产率;反应放热,控制温度要提前判断,预留处理时间。

[2]此时往往析出对氨基苯磺酸的重氮盐。这是因为重氮盐在水中可以电离,形成中性内盐,在低温时难溶于水而形成细小晶体析出。

[3]N,N-二甲基苯胺久置易被氧化,使用前需重蒸。

[4]用乙醇和乙醚洗涤的目的是使固体迅速干燥。

[5]重结晶操作要迅速,否则由于产物呈碱性,在温度高时易变质,颜色变深。

五、思考题

1. 芳伯胺的重氮化反应为什么需在强酸性条件下进行?

2. 在本实验中,制备重氮盐时为什么要把对氨基苯磺酸变成钠盐?本实验如改成下列操作步骤:先将对氨基苯磺酸与盐酸混合,再滴加亚硝酸钠溶液进行重氮化反应,可以吗?为什么?

3. 制备重氮盐为什么要维持 0~5 ℃的低温,温度高有何不良影响?

4. 重氮化为什么要在强酸条件下进行?重氮盐与芳胺的偶合反应为什么要在弱酸条件下进行?

附　录

A. 常见元素相对原子质量表

元素		相对质量	元素		相对质量
符号	名称		符号	名称	
Ag	银	107.87	Li	锂	6.941
Al	铝	26.98	Mg	镁	24.31
B	硼	10.81	Mn	锰	54.938
Ba	钡	137.34	Mo	镆	95.94
Br	溴	79.904	N	氮	14.007
C	碳	12.01	Na	钠	22.99
Ca	钙	40.08	Ni	镍	58.71
Cl	氯	35.45	O	氧	15.999
Cr	铬	51.996	P	磷	30.97
Cu	铜	63.54	Pb	铅	207.19
F	氟	18.998	Pd	钯	106.4
Fe	铁	55.847	Pt	铂	195.09
H	氢	1.008	S	硫	32.064
Hg	汞	200.59	Si	硅	28.086
I	碘	126.904	Sn	锡	118.69
K	钾	39.10	Zn	锌	65.37

B. 常用酸碱溶液相对密度和组成表

硫　酸

H_2SO_4 质量分数/%	d_4^{20}	H_2SO_4 g/100 ml 水溶液	H_2SO_4 质量分数/%	d_4^{20}	H_2SO_4 g/100 ml 水溶液
1	1.005 1	1.005	65	1.553 3	101.0
2	1.011 8	2.024	70	1.610 5	112.7
3	1.018 4	3.055	75	1.669 2	125.2
4	1.025 0	4.100	80	1.727 2	138.2
5	1.031 7	5.159	85	1.778 6	151.2
10	1.066 1	10.66	90	1.814 4	163.3
15	1.102 0	16.53	91	1.819 5	165.6
20	1.139 4	22.79	92	1.824 0	167.8
25	1.178 3	29.46	93	1.827 9	170.0
30	1.218 5	36.56	94	1.831 2	172.1
35	1.257 9	44.10	95	1.833 7	174.2
40	1.302 8	52.11	96	1.835 5	176.2
45	1.347 6	60.64	97	1.836 4	178.1
50	1.395 1	69.76	98	1.836 1	179.9
55	1.445 3	79.49	99	1.834 2	181.6
60	1.498 3	89.90	100	1.830 5	183.1

硝　酸

HNO_3 质量分数/%	d_4^{20}	HNO_3 g/100 ml 水溶液	HNO_3 质量分数/%	d_4^{20}	HNO_3 g/100 ml 水溶液
1	1.003 6	1.004	10	1.054 3	10.54
2	1.009 1	2.018	15	1.084 2	16.24
3	1.014 6	3.044	20	1.115 0	22.30
4	1.020 1	4.080	25	1.146 9	28.67
5	1.025 6	5.128	30	1.180 0	35.40

续表

HNO₃ 质量 分数/%	d_4^{20}	HNO₃ g/100 ml 水溶液	HNO₃ 质量 分数/%	d_4^{20}	HNO₃ g/100 ml 水溶液
35	1.214 0	42.49	90	1.482 6	133.4
40	1.246 3	49.85	91	1.485 0	135.1
45	1.278 3	57.52	92	1.487 3	136.8
50	1.310 0	65.50	93	1.489 2	138.5
55	1.339 3	73.66	94	1.491 2	140.2
60	1.366 7	82.00	95	1.493 2	141.9
65	1.391 3	90.43	96	1.495 2	143.5
70	1.413 4	98.94	97	1.497 4	145.2
75	1.433 7	107.5	98	1.500 8	147.1
80	1.452 1	116.2	99	1.505 6	149.1
85	1.468 6	124.8	100	1.512 9	151.3

盐 酸

HCl 质量 分数/%	d_4^{20}	HCl g/100 ml 水溶液	HCl 质量 分数/%	d_4^{20}	HCl g/100 ml 水溶液
1	1.003 2	1.003	22	1.108 3	24.38
2	1.008 2	2.006	24	1.118 7	26.85
4	1.018 1	4.007	26	1.129 0	29.35
6	1.027 9	6.167	28	1.139 2	31.90
8	1.037 6	8.301	30	1.149 2	34.48
10	1.047 4	10.47	32	1.159 3	37.10
12	1.057 4	12.69	34	1.169 1	39.75
14	1.067 5	14.95	36	1.178 9	42.44
16	1.077 6	17.24	38	1.188 5	45.16
18	1.087 8	19.58	40	1.198 0	47.92
20	1.098 0	21.96			

氢 氧 化 钠

NaOH 质量分数/%	d_4^{20}	NaOH g/100 ml 水溶液	NaOH 质量分数/%	d_4^{20}	NaOH g/100 ml 水溶液
1	1.009 5	1.010	26	1.284 8	33.40
2	1.020 7	2.041	28	1.306 4	36.58
4	1.042 8	4.1714	30	1.327 9	39.84
6	1.064 8	6.389	32	1.349 0	43.17
8	1.086 9	8.695	34	1.369 6	46.57
10	1.108 9	11.09	36	1.390 0	50.04
12	1.130 9	13.57	38	1.410 1	53.58
14	1.153 0	16.14	40	1.430 0	57.20
16	1.175 1	18.80	42	1.449 4	60.87
18	1.197 2	21.55	44	1.468 5	64.61
20	1.219 1	24.38	46	1.487 3	68.42
22	1.241 1	27.30	48	1.506 5	72.31
24	1.262 9	30.31	50	1.525 3	76.27

碳 酸 钠

Na_2CO_3 质量分数/%	d_4^{20}	Na_2CO_3 g/100 ml 水溶液	Na_2CO_3 质量分数/%	d_4^{20}	Na_2CO_3 g/100 ml 水溶液
1	1.008 6	1.009	12	1.124 4	13.49
2	1.019 0	2.038	14	1.146 3	16.05
4	1.039 8	4.159	16	1.168 2	18.50
6	1.060 6	6.364	18	1.190 5	21.33
8	1.081 6	8.654	20	1.213 2	24.26
10	1.102 9	11.03			

C. 实验室常用溶剂的性质

溶剂	沸点 /℃	熔点 /℃	相对分子质量	相对密度 (20 ℃)	介电常数	溶解度 /g·(100 g 水)⁻¹	与水共沸物 沸点 /℃	与水共沸物 含水量 /%	闪点 /℃	推荐极限值 /(μg·g⁻¹)	推荐极限值 /(mg·m⁻³)
乙醚	35	−116	74	0.71	4.3	6.0	34	1	−45	400	1 200
戊烷	36	−130	72	0.63	1.8	不溶	35	1	−49	600	1 800
二氯甲烷	40	−95	85	1.33	8.9	1.3	39	2	无	100 (CL)	350
二硫化碳	46	−111	76	1.26	2.6	0.29 (20 ℃)	44	2	−30	10 (CL)	30
丙酮	56	−95	58	0.79	20.7	∞	无	—	−18	1 000 (CL)	240
氯仿	61	−64	119	1.49	4.8	0.82 (20 ℃)	56	3	无	10	50
甲醇	65	−98	32	0.79	32.7	∞	无	—	11	200	260
四氢呋喃	66	−109	72	0.89	7.6	∞	64	5	−18	200	590
己烷	69	−95	86	0.66	1.9	不溶	62	6	−23	100	360
四氯化碳	77	−23	154	1.59	2.2	0.08	66	4	无	10	65
乙酸乙酯	77	−84	88	0.90	6.0	8.1	71	8	−4	400	1 400
乙醇	78	−114	46	0.79	24.6	∞	78	4	12	1 000	1 900
苯	80	5.5	78	0.88	2.3	0.18	69	9	−11	10	30
丁酮	80	−87	72	0.80	18.5	24.0 (20 ℃)	73	11	−6	200	590
环己烷	81	6.5	84	0.78	2.0	0.01	70	8	−20	300	1 000
乙腈	82	−44	41	0.78	37.5	∞	77	16	6	40	70
三乙胺	90	−115	101	0.73	2.4	∞	75	10	−7	10	40
水	100	0	18	1.00	80.2	—	—	—	无	—	—
甲酸	101	8	46	1.22	58.5	∞	107	26	—	5	
二氧六环	101	12	88	1.03	2.2	∞	88	18	12	50	18
甲苯	111	−95	92	0.87	2.4	0.05	85	20	4	100	37

续表

溶剂	沸点 /℃	熔点 /℃	相对分子质量	相对密度 (20 ℃)	介电常数	溶解度 /g·(100 g 水)⁻¹	与水共沸物 沸点 /℃	与水共沸物 含水量 /%	闪点 /℃	推荐极限值 /(μg·g⁻¹)	推荐极限值 /(mg·m⁻³)
吡啶	115	42	79	0.98	12.4	∞	94	42	20	5	1
正丁醇	118	−89	74	0.81	17.5	7.45	93	43	29	50	150
乙酸	118	17	60	1.05	6.2	∞	无	—	40	10	25
氯苯	132	−46	113	1.11	5.6	0.05 (30 ℃)	90	28	24	75	350
乙酸酐	140	−73	102	1.08	20.7	反应	—	—	54	5	20
二甲基甲酰氨	153	60	73	0.95	36.7	∞	无	—	58	10	30
二甲亚砜	189	18	78	1.10	46.7	25.3	无	—	95		
乙二醇	197	−16	62	1.11	37.7	∞	无	—	112		60
硝基苯	211	6	123	1.20	34.8	0.19 (20 ℃)	99	88	88	1	5
三乙醇胺	335	72	149	1.12 (25 ℃)	29.4	∞	—	—	179		
邻苯二甲酸正丁酯	340	−35	278	1.05	6.4	不溶	无	—	171	—	5

D. 常用有机溶剂的纯化方法

1. 甲醇(CH₃OH)

工业甲醇含水量在 0.5% ~1%,含醛酮(以丙酮计)约 0.1%。由于甲醇和水不形成共沸混合物,因此可用高效精馏柱将少量水除去。精制甲醇中含水 0.1% 和丙酮 0.02%,一般已可应用。若需含水量低于 0.1%,可用 3A 分子筛干燥,也可用镁处理(见绝对乙醇的制备)。若要除去含有的羰基化合物,可在 500 ml 甲醇中加入 25 ml 糠醛和 60 ml10% NaOH 溶液,回流 6 ~12 h,即可分馏出无丙酮的甲醇,丙酮与糠醛生成树脂状产物留在瓶内。

纯甲醇 b. p. 64.95 ℃,n_D^{20} 1.328 8,d_4^{20} 0.791 4。

甲醇为一级易燃液体,应储存于阴凉通风处,注意防火。甲醇可经皮肤进入人体,饮用或吸入蒸气会刺激视神经及视网膜,导致眼睛失明,直到死亡。人的半致死量 LD_{50} 为 13.5 g/kg,经口服甲醇的致死量 LD 为 1 g/kg,15 ml 可致失明。

2. 乙醇(CH_3CH_2OH)

工业乙醇含量为95.5%,含水4.4%,乙醇与水形成共沸物,不能用一般分馏法去水。

实验室常用生石灰为脱水剂,乙醇中的水与生石灰作用生成氢氧化钙可去除水分,蒸馏后可得含量约99.5%的无水乙醇。如需绝对无水乙醇,可用金属钠或金属镁将无水乙醇进一步处理,得到纯度可超过99.95%的绝对无水乙醇。

(1)无水乙醇(含量99.5%)的制备

在500 ml 圆底烧瓶中,加入95%乙醇200 ml 和生石灰50 g,放置过夜。然后在水浴上回流3小时,再将乙醇蒸出,得含量约99.5%的无水乙醇。

另外可利用苯、水和乙醇形成低共沸混合物的性质,将苯加入乙醇中,进行分馏,在64.9 ℃时蒸出苯、水、乙醇的三元恒沸混合物,多余的苯在68.3 ℃与乙醇形成二元恒沸混合物被蒸出,最后蒸出乙醇。工业多采用此法。

(2)绝对乙醇(含量99.95%)的制备

①用金属镁制备

在250 ml 的圆底烧瓶中,放置0.6 g 干燥洁净的镁条和几小粒碘,加入10 ml 99.5%的乙醇,装上回流冷凝管。在冷凝管上端附加一只氯化钙干燥管,在水浴上加热,注意观察在碘周围的镁的反应,碘的棕色减退,镁周围变浑浊,并伴随着氢气的放出,至碘粒完全消失(如不起反应,可再补加数小粒碘)。然后继续加热,待镁条完全溶解后加入100 ml 99.5%的乙醇和几粒沸石,继续加热回流1 h,改为蒸馏装置蒸出乙醇,所得乙醇纯度可超过99.95%。反应方程式为:

$$(C_2H_5O)_2Mg + 2H_2O \longrightarrow 2C_2H_5OH + Mg(OH)_2 + H_2$$

②用金属钠制备

在500 ml 99.5%乙醇中,加入3.5 g 金属钠,安装回流冷凝管和干燥管,加热回流30 min 后,再加入14 g 邻苯二甲酸二乙酯或13 g 草酸二乙酯,回流2~3 h,然后进行蒸馏。金属钠虽能与乙醇中的水作用,产生氢气和氢氧化钠,但所生成的氢氧化钠又与乙醇发生平衡反应,因此单独使用金属钠不能完全除去乙醇中的水,须加入过量的高沸点酯,如邻苯二甲酸二乙酯与生成的氢氧化钠作用,抑制上述反应,从而达到进一步脱水的目的。反应方程式为:

$$Na + 2C_2H_5OH \longrightarrow 2C_2H_5ONa + H_2$$

$$C_2H_5ONa + H_2O \Longleftrightarrow C_2H_5OH + NaOH$$

由于乙醇有很强的吸湿性,故仪器必须烘干,并尽量快速操作,以防吸收空气中的水分。

纯乙醇 b. p. 78.5 ℃,n_D^{20} 1.361 1,d_4^{20} 0.789 3。

乙醇为一级易燃液体,应存放在阴凉通风处,远离火源。乙醇可通过口腔、胃壁黏膜吸入,对人体产生刺激作用,引起酩酊、睡眠和麻醉作用。严重时引起恶心、呕吐甚至昏迷。人的半致死量 LD_{50} 为13.7 g/kg。

3. 乙醚 ($CH_3CH_2OCH_2CH_3$)

普通乙醚中常含有一定量的水、乙醇及少量过氧化物等杂质。制备无水乙醚,首先要检验有无过氧化物。为此取少量乙醚与等体积的2%碘化钾溶液,加入几滴稀盐酸一起振摇,若能使淀粉溶液呈紫色或蓝色,即证明有过氧化物存在。除去过氧化物可在分液漏斗中加入普通乙醚和相当于乙醚体积1/5新配制的硫酸亚铁溶液,剧烈摇动后分去水溶液。再用浓硫酸及金属钠作干燥剂,所得无水乙醚可用于 Grignard 反应。

在 250 ml 圆底烧瓶中,放置 100 ml 除去过氧化物的普通乙醚和几粒沸石,装上回流冷凝管。冷凝管上端通过一带有侧槽的软木塞,插入盛有 10 ml 浓硫酸的滴液漏斗。通入冷凝水,将浓硫酸慢慢滴入乙醚中。由于脱水发热,乙醚会自行沸腾。加完后摇动反应瓶。

待乙醚停止沸腾后,折下回流冷凝管,改成蒸馏装置回收乙醚。在收集乙醚的接引管支管上连接氯化钙干燥管,用与干燥管连接的橡皮管把乙醚蒸气导入水槽。在蒸馏瓶中补加沸石后,用事先准备好的热水浴加热蒸馏,蒸馏速度不宜太快,以免乙醚蒸气来不及冷凝而逸散室内。收集约 70 ml 乙醚,待蒸馏速度显著变慢时,可停止蒸馏。瓶内所剩残液,倒入指定的回收瓶中,切不可将水加入残液中(飞溅)。

将收集的乙醚倒入干燥的锥形瓶中,将钠块迅速切成极薄的钠片加入,然后用带有氯化钙干燥管的软木塞塞住,或在木塞中插入末端拉成毛细管的玻璃管,这样可防止潮气侵入,并可使产生的气体逸出,放置 24 h 以上,使乙醚中残留的少量水和乙醇转化成氢氧化钠和乙醇钠。如不再有气泡逸出,同时钠的表面较好,则可储存备用。如放置后,金属钠表面已全部发生作用,则须重新加入少量钠片直至无气泡发生。这种无水乙醚可符合一般无水要求。

另外也可用无水氯化钙浸泡几天后,用金属钠干燥以除去少量的水和乙醇。

纯乙醚 b. p. 34.51 ℃, n_D^{20} 1.352 6, d_4^{20} 0.713 78。

乙醚为一级易燃液体,由于沸点低、闪点低、挥发性大,储存时要避免日光直射,远离热源,注意通风,并加入少量氢氧化钾以避免过氧化的形成。乙醚对人有麻醉作用,当吸入含乙醚3.5%(体积)的空气时,30 ~ 40 min 就可失去知觉。大鼠口服半致死量 LD_{50} 为 3.56 g/kg。

4. 丙酮 (CH_3COCH_3)

普通丙酮含有少量水及甲醇、乙醛等还原性杂质,可用下列方法精制:

在 100 ml 丙酮中加入 2.5 g 高锰酸钾回流,以除去还原性杂质,若高锰酸钾紫色很快消失,须再补加少量高锰酸钾继续回流,直至紫色不再消失为止,蒸出丙酮。用无水碳酸钾或无水硫酸钙干燥、过滤、蒸馏,收集 55 ~ 56.5 ℃ 馏分。

纯丙酮 b. p. 56.2 ℃, n_D^{20} 1.358 8, d_4^{20} 0.789 9。

丙酮为常用溶剂,一级易燃液体,沸点低,挥发性大,应置阴凉处密封储存,严禁火源。虽丙酮毒性较低,但长时期处于丙酮蒸气中也能引起不适症状,蒸气浓度为 $4 000 × 10^{-6}$ 时60 min 后会呈现头痛、昏迷等中毒症状,脱离丙酮蒸气后恢复正常。

5. 乙酸乙酯 ($CH_3COOCH_2CH_3$)

一般化学试剂,含量为98%,另含有少量水、乙醇和乙酸,可用以下方法精制:

(1)取 100 ml 98% 乙酸乙酯,加入 9 ml 乙酸酐回流 4 h,除去乙醇及水等杂质,然后蒸馏,蒸馏液中加 2 ~ 3 g 无水碳酸钾,干燥后再重蒸,可得 99.7% 左右的纯度。

(2)也可先用与乙酸乙酯等体积的 5% 碳酸钠溶液洗涤,再用饱和氯化钙溶液洗涤,然后加无水碳酸钾干燥、蒸馏。(如对水分要求严格时,可在经碳酸钾干燥后的酯中加入少许五氧化二磷,振摇数分钟,过滤,在隔湿条件下蒸馏。)

纯乙酸乙酯 b. p. 77.1 ℃,n_D^{20} 1.372 3,d_4^{20} 0.990 3。

乙酯乙酯有果香气味,对眼睛、皮肤和黏膜有刺激性。乙酸乙酯为一级易燃品。它与空气混合物的爆炸极限为 2.2% ~ 11.4%。

6. 石油醚

石油醚是石油的低沸点馏分,为低级烷烃的混合物,按沸程不同分为 30 ~ 60 ℃,60 ~ 90 ℃,90 ~ 120 ℃ 三类。主要成分为戊烷、已烷、庚烷,此外含有少量不饱和烃、芳烃等杂质。精制方法:在分液漏斗中加入石油醚及其体积 1/10 的浓硫酸一起振摇,除去大部分不饱和烃。然后用 10% 硫酸配成的高锰酸钾饱和溶液洗涤,直到水层中紫色消失为止,再经水洗,用无水氯化钙干燥后蒸馏。

石油醚为一级易燃液体。大量吸入石油醚蒸气有麻醉症状。

7. 苯(C_6H_6)

普通苯含有少量水(约 0.02%)及噻吩(约 0.15%)。若需无水苯,可用无水氯化钙干燥过夜,过滤后压入钠丝。

无噻吩苯可根据噻吩比苯容易磺化的性质,用下述方法纯化。在分液漏斗中,将苯用相当其体积 10% 的浓硫酸在室温下一起振摇,静置混合物,弃去底层的酸液,再加入新的浓硫酸,重复上述操作直到酸层呈无色或淡黄色,且检验无噻吩为止。苯层依次用水、10% 碳酸钠溶液、水洗涤,再用无水氯化钙干燥,蒸馏,收集 80 ℃ 馏分备用。若要高度干燥的苯,可压入钠丝或加入钠片干燥。

噻吩的检验:取 5 滴苯于试管中,加入 5 滴浓硫酸及 1 ~ 2 滴 1% 靛红(浓硫酸溶液),振摇片刻,如呈墨绿色或蓝色,表示有噻吩存在。

纯苯 b. p. 80.1 ℃,n_D^{20} 1.501 1,d_4^{20} 0.878 65。

苯为一级易燃品。苯的蒸气对人体有强烈的毒性,以损害造血器官与神经系统最为显著,病状为白细胞降低、头晕、失眠、记忆力减退等。

8. 氯仿(三氯甲烷)($HCCl_3$)

氯仿露置于空气和光照下,与氧缓慢作用,分解产生光气、氯和氯化氢等有毒物质。普通氯仿中加有 0.5% ~ 1% 的乙醇作稳定剂,以便与产生的光气作用转变成碳酸乙酯而消除毒性。纯化方法有两种:第一种,依次用氯仿体积 5% 的浓硫酸、水、稀氢氧化钠溶液和水洗涤,无水氯化钙干燥后蒸馏即得;第二种,可将氯仿与其 1/2 体积的水在分液漏斗中振摇数次,以洗去乙醇,然后分去水层,用无水氯化钙干燥。

除去乙醇的氯仿应装于棕色瓶内,储存于阴暗处,以避免光照。氯仿绝对不能用金属钠干燥,因易发生爆炸。

纯氯仿 b. p. 61.7 ℃,n_D^{20} 1.445 9,d_4^{20} 1.483 2。

氯仿具有麻醉性,长期接触易损坏肝脏。液体氯仿接触皮肤有很强的脱脂作用,产生损伤,进一步感染会引起皮炎。但本品不燃烧,在高温与明火或红热物体接触会产生剧毒的光气和氯化氢气体,应置阴凉处密封储存。

9. N,N-二甲基甲酰胺（$HCON(CH_3)_2$）

N,N-二甲基甲酰胺(DMF)中主要杂质是胺、氨、甲醛和水。该化合物与水形成 $HCON(CH_3)_2 \cdot 2H_2O$,在常压蒸馏时有些分解,产生二甲胺和一氧化碳,有酸或碱存在时分解加快。精制方法:可用硫酸镁、硫酸钙、氧化钡或硅胶、4A 分子筛干燥,然后减压蒸馏收集 76 ℃/4.79 kPa(36 mmHg)馏分。如果含水较多时,加入 10%(体积)的苯,常压蒸去水和苯后,用无水硫酸镁或氧化钡干燥,再进行减压蒸馏。

纯二甲基甲酰胺 b. p. 153.0 ℃,n_D^{20} 1.430 5,d_4^{20} 0.948 7。

精制后的二甲基甲酰胺有吸湿性,最好放入分子筛后,密封避光储存。二甲基甲酰胺为低毒类物质,对皮肤和黏膜有轻度刺激作用,并经皮肤吸收。

10. 二甲亚砜（CH_3SOCH_3）

二甲亚砜(DMSO)是高极性的非质子溶剂,一般含水量约 1%,另外还含有微量的二甲硫醚及二甲砜。常压加热至沸腾可部分分解。要制备无水二甲亚砜,可先进行减压蒸馏,然后用4A 分子筛干燥;也可用氧化钙、氢化钙、氧化钡或无水硫酸钡来搅拌干燥 4 ~ 8 h,再减压蒸馏收集 64 ~ 65 ℃/533 Pa(4 mmHg)馏分。蒸馏时温度不高于 90 ℃,否则会发生歧化反应,生成二甲砜和二甲硫醚。也可用部分结晶的方法纯化。

纯二甲亚砜 m. p. 18.5 ℃,b. p. 189 ℃,n_D^{20} 1.477 0,d_4^{20} 1.110 0。

二甲亚砜易吸湿,应放入分子筛储存备用。二甲基亚砜与某些物质混合时可能发生爆炸,例如氢化钠、高碘酸或高氯酸镁等应予注意。

11. 吡啶（C_5H_5N）

吡啶有吸湿性,能与水、醇、醚任意混溶。与水形成共沸物欲 94 ℃沸腾,其中含 57%吡啶。

工业吡啶中除含水和胺杂质外,还有甲基吡啶或二甲基吡啶。工业规模精制吡啶时,通常是加入苯,进行共沸蒸馏。实验室精制时,可加入固体氢氧化钾或固体氢氧化钠。

分析纯的吡啶含有少量水分,但已可供一般应用。如要制得无水吡啶,可与粒状氢氧化钾或氢氧化钠先干燥数天,倾出上层清液,加入金属钠回流 3 ~ 4 h,然后隔绝潮气蒸馏,可得到无水吡啶。干燥的吡啶吸水性很强,储存时将瓶口用石蜡封好。如蒸馏前不加金属钠回流,则将馏出物通过装有 4A 分子筛的吸附柱,也可使吡啶中的水含量降到 0.01%以下。

纯吡啶 b. p. 115.5 ℃,n_D^{20} 1.509 5,d_4^{20} 0.981 9。

吡啶对皮肤有刺激,可引起湿疹类损害。吸入后会造成头昏恶心,并对肝脾损害。

12. 二硫化碳（CS_2）

二硫化碳因含有硫化氢、硫黄和硫氧化碳等杂质而有恶臭味。

一般有机合成实验中对二硫化碳要求不高,可在普通二硫化碳中加入少量研碎的无水氯化钙,干燥后滤去干燥剂,然后在水浴中蒸馏收集。

若要制得较纯的二硫化碳,则需将试剂级的二硫化碳用0.5%高锰酸钾水溶液洗涤3次,除去硫化氢,再用汞不断振荡除去硫,最后用2.5%硫酸汞溶液洗涤,除去所有恶臭(剩余的硫化氢),再经氯化钙干燥,蒸馏收集。其纯化过程的反应式如下:

$$3H_2S + 2KMnO_4 \longrightarrow 2MnO_2 + 3S + 2H_2O + 2KOH$$

$$Hg + S \rightarrow HgS$$

纯二硫化碳 b. p. 46.25 ℃ , n_D^{20} 1.631 89 , d_4^{20} 1.266 1。

$$HgSO_4 + H_2S \longrightarrow HgS + H_2SO_4$$

二硫化碳为有较高毒性的液体,能使血液和神经中毒,它具有高度的挥发性和易燃性,所以使用时必须十分小心,避免接触其蒸气。

13. 四氢呋喃(C_4H_8O)

四氢呋喃系具乙醚气味的无色透明液体,市售的四氢呋喃常含有少量水分及过氧化物。如要制得无水四氢呋喃可与氢化铝锂在隔绝潮气下和氮气气氛下回流(通常1 000 ml需2~4 g氢化铝锂)除去其中的水和过氧化物,然后在常压下蒸馏,收集67 ℃的馏分。精制后的四氢呋喃应加入钠丝并在氮气氛中保存,如需较久放置,应加0.025% 4-甲基-2,6-二叔丁基苯酚作抗氧剂。处理四氢呋喃时,应先用小量进行试验,以确定只有少量水和过氧化物,作用不致过于猛烈时,方可进行。

四氢呋喃中的过氧化物可用酸化的碘化钾溶液来试验,如有过氧化物存在,则会立即出现游离碘的颜色,这时可加入0.3%的氯化亚铜,加热回流30 min,蒸馏,以除去过氧化物(也可以加硫酸亚铁处理,或让其通过活性氧化铝来除去过氧化物)。

纯四氢呋喃 b. p. 67 ℃ , n_D^{20} 1.405 0 , d_4^{20} 0.889 2。

14. 1,2-二氯乙烷($ClCH_2CH_2Cl$)

1,2-二氯乙烷为无色油状液体,有芳香味,与水形成恒沸物,沸点为72 ℃,其中含81.5%的1,2-二氯乙烷。可与乙醇、乙醚、氯仿等相混溶。在结晶和提取时是极有用的溶剂,比常用的含氯有机溶剂更为活泼。

一般纯化可依次用浓硫酸、水、稀碱溶液和水洗涤,用无水氯化钙干燥或加入五氧化二磷分馏即可。

纯1,2-二氯乙烷 b. p. 83.4 ℃ , n_D^{20} 1.444 8 , d_4^{20} 1.253 1。1,2-二氯乙烷易燃,有着火的危险性。可经呼吸道、皮肤和消化道吸收,在体内的代谢产物2-氯乙醇和氯乙酸均比1,2-二氯乙烷本身的毒性大。1,2-二氯乙烷属高毒类,对眼及呼吸道有刺激作用,其蒸气可使动物角膜混浊。吸入可引起脑水肿和肺水肿。并能抑制中枢神经系统、刺激胃肠道和引起心血管系统和肝肾损害,皮肤接触后可致皮炎。

15. 二氯甲烷(CH_2Cl_2)

二氯甲烷为无色挥发性液体,微溶于水,能与醇、醚混溶。与水形成共沸物,含二氯甲烷98.5% ,沸点38.1 ℃。

二氯甲烷中往往含有氯甲烷、二氯甲烷、三氯甲烷和四氯甲烷等。纯化时,依次用浓度为5%的氢氧化钠溶液或碳酸钠溶液洗 1 次,再用水洗 2 次,用无水氯化钙干燥 24 h,最后蒸馏,在有 3A 分子筛的棕色瓶中避光储存。

纯二氯甲烷 b. p. 39.7 ℃,n_D^{20} 1.424 1,d_4^{20} 1.316 7。

二氯甲烷有麻醉作用,并损害神经系统,与金属钠接触易发生爆炸。

16. 二氧六环(1,4-二噁烷)$[\,O(CH_2CH_2)_2O\,]$

二氧六环能与水任意混合,常含有少量二乙醇缩醛与水,久贮的二氧六环可能含有过氧化物(用氯化亚锡回流除去)。二氧六环的纯化方法,在 500 ml 二氧六环中加入 8 ml 浓盐酸和 50 ml 水的溶液,回流 6 ~ 10 h,在回流过程中,慢慢通入氮气以除去生成的乙醛。冷却后,加入固体氢氧化钾,直到不能再溶解为止,分去水层,再用固体氢氧化钾干燥 24 h。然后过滤,在金属钠存在下加热回流 8 ~ 12 h,最后在金属钠存在下蒸馏,加入钠丝密封保存。精制过的 1,4-二氧环己烷应当避免与空气接触。

纯二氧六环 m. p. 12 ℃,b. p. 101.5 ℃,n_D^{20} 1.442 4,d_4^{20} 1.033 6。

与空气混合可爆炸,爆炸极限 1.97% ~ 22.5%(体积)。对皮肤有刺激性,有毒,腹注—大鼠 LD_{50} 为 7.99 g/kg,口服—小鼠 LD_{50} 为 57 g/kg。

17. 四氯化碳(CCl_4)

微溶于水,可与乙醇、乙醚、氯仿及石油醚等混溶。

四氯化碳含4%二硫化碳,含微量乙醇。纯化时,可 1 000 ml 将四氯化碳与 60 g 氢氧化钾溶于 60 ml 水和 100 ml 乙醇的溶液混在一起,在 50 ~ 60 ℃时振摇 30 min,然后水洗,再将此四氯化碳按上述方法重复操作再一次(氢氧化钾的用量减半),最后将四氯化碳用氯化钙干燥,过滤,蒸馏收集 76.7 ℃馏分。不能用金属钠干燥,因有爆炸危险。

纯四氯化碳 b. p. 76.8 ℃,n_D^{20} 1.460 3,d_4^{20} 1.595。

四氯化碳为无色、易挥发、不易燃的液体,具氯仿的微甜气味。遇火或炽热物可分解为二氧化碳、氯化氢、光气和氯气等。其麻醉性比氯仿小,但对心、肝、肾的毒性强。饮入 2 ~ 4 ml 四氯化碳也能致死。刺激咽喉,可引起咳嗽、头痛、呕吐,而后呈现麻醉作用,昏睡,最后肺出血而死。慢性中毒能引起眼睛损害,黄疸、肝脏肿大等症状。

18. 甲苯($C_6H_5CH_3$)

甲苯不溶于水,可混溶于苯、醇、醚等多数有机溶剂。甲苯与水形成共沸物,在 84.1 ℃沸腾,含 81.4%的甲苯。

甲苯中含甲基噻吩,处理方法与苯相同。因为甲苯比苯更易磺化,用浓硫酸洗涤时温度应控制在 30 ℃以下。

纯甲苯 b. p. 110.6 ℃,n_D^{20} 1.449 69,d_4^{20} 0.866 9。

甲苯为易燃品,在空气中的爆炸极限为 1.27% ~ 7%(体积)。毒性比苯小,大鼠—口服 LD_{50} 为 50 g/kg。

19. 正己烷(C_6H_{14})

无色易挥发液体,与醇、醚和三氯甲烷混溶,不溶于水。

正己烷常含有一定量的苯和其他烃类,用下述方法进行纯化:加入少量的发烟硫酸进行振摇,分出酸,再加发烟硫酸振摇。如此反复,直至酸的颜色呈淡黄色。依次再用浓硫酸、水、2%氢氧化钠溶液洗涤,再用水洗涤,用氢氧化钾干燥后蒸馏。

纯正己烷 b. p. 68.7 ℃,n_D^{20} 1.374 8,d_4^{20} 0.659 3。

正己烷在空气中的爆炸极限为 1.1% ~8%(体积)。正己烷属低毒类,但其毒性较新己烷大,且具有高挥发性、高脂溶性,并有蓄积作用。毒作用为对中枢神经系统的轻度抑制作用,对皮肤粘膜的刺激作用。长期接触可致多发性周围神经病变。大鼠—口服 LD_{50} 为 24 ~29 ml/kg。吸入正己烷,有恶心、头痛、眼及咽刺激,出现眩晕、轻度麻醉。经口中毒可出现恶心、呕吐等消化道刺激症状及急性支气管炎,摄入 50 g 可致死。溅入眼内可引起结膜刺激症状。

20. 乙酸(CH_3COOH)

可与水混溶,在常温下是一种有强烈刺激性酸味的无色液体。

将乙酸冻结出来可得到很好的精制效果。若加入 2% ~5% 高锰酸钾溶液并煮沸 2 ~6 h 更好。微量的水可用五氧化二磷干燥除去。由于乙酸不易被氧化,故常作氧化反应的溶剂。

纯乙酸 m. p. 16.5 ℃,b. p. 117.9 ℃,n_D^{20} 1.371 6,d_4^{20} 1.049 2。

乙酸具有腐蚀性,切勿接触皮肤,若溅入眼内,应立即用大量水冲洗,严重者应去医院医治。

E. 有毒化学品基本知识

1. 有毒化学品基本知识

1)有害物质接触限值常用术语

化学化工行业工作场所的空气中常含有害有毒化学物质,为保护作业人员健康,需制定相应的有害物质接触限值,规定工作场所空气中有害物质含量的限定值。我国常用的表示方法有:时间加权平均容许浓度(PC-TWA)、最高容许浓度(MAC)和短时间接触容许浓度(PC-STEL)。

①时间加权平均容许浓度(Permissible concentration-Time Weighted Average,PC-TWA)指以时间为权数规定的 8 小时工作日的平均容许接触水平。

②最高容许浓度(Maximum Allowable Concentration,MAC)指工作地点、在一个工作日内、任何时间均不应超过的有毒化学物质的浓度。

③短时间接触容许浓度(Permissible concentration-Short Term Exposure Limit,PC-STEL),指一个工作日内,任何一次接触不得超过的 15 分钟时间加权平均的容许接触水平。

美国政府工业卫生学家会议推荐的接触阈限值(Threshold Limit Value ,TLV),有以下几种:

①时间加权平均阈限值(TLV-TWA)。正常 8 小时工作日或 40 小时工作周的时间加权平均浓度,在此浓度下反复接触对几乎全部工人都不至产生损害效应。

②短时间接触限值(TLV-STEL)。在此浓度下工人能够短时间连续接触而不至引起:

A. 刺激作用;B. 慢性的能恢复的组织改变;C. 麻醉的程度达到足以增加意外伤害的危险、自救能力减退或工作效率明显降低。STEL 是指每次接触时间不得超过 15 分钟的时间加权平均接触限值,每天接触不得超过 4 次,且前后两次接触至少要间隔 60 分钟。

③上限值(TLV-C)。瞬时也不得超过的最高浓度。

2)化学物质的急性毒性分级

毒性分级	大鼠一次经口 LD_{50}/(mg·kg^{-1})	6 只大鼠吸入 4 h 死亡 2~4 只的浓度/ppm	兔涂皮时 LD_{50}/(mg·kg^{-1})	对人可能致死量/(g·kg^{-1}) 总量/[g·(60 kg)$^{-1}$]体重)	
剧毒	<1	<10	<5	<0.05	0.1
高毒	1~	10~	5~	0.05~	3
中等毒	50~	100~	44~	0.5~	30
低毒	500~	1 000~	350~	5~	250
微毒	5 000~	10 000~	2 180~	>15	>1 000

LD_{50}:半数致死量(median lethal dose),急性毒性指标,指一段时间内能使一组被试验的动物(家兔、白鼠等)死亡 50% 的剂量。

2. 高毒物品目录(2003 年版)

序号	毒物名称及 CAS No.	别名	MAC /(mg·m^{-3})	PC-TWA /(mg·m^{-3})	PC-STEL /(mg·m^{-3})
1	N-甲基苯胺 100-61-8		—	2	5
2	N-异丙基苯胺 768-52-5		—	10	25
3	氨 7664-41-7	阿摩尼亚	—	20	30
4	苯 71-43-2		—	6	10
5	苯胺 62-53-3		—	3	7.5
6	丙烯酰胺 79-06-1		—	0.3	0.9
7	丙烯腈 107-13-1		—	1	2
8	对硝基苯胺 100-01-6		—	3	7.5
9	对硝基氯苯/二硝基氯苯 100-00-5/25567-67-3		—	0.6	1.8
10	二苯胺 122-39-4		—	10	25
11	二甲基苯胺 121-69-7		—	5	10
12	二硫化碳 75-15-0		—	5	10
13	二氯代乙炔 7572-29-4		0.4	—	—
14	二硝基苯(全部异构体) 582-29-0/ 99-65-0/100-25-4		—	1	2.5
15	二硝基(甲)苯 25321-14-6		—	0.2	0.6
16	二氧化(一)氮 10102-44-0		—	5	10

序号	毒物名称及 CAS No.	别名	MAC /(mg·m⁻³)	PC-TWA /(mg·m⁻³)	PC-STEL /(mg·m⁻³)
17	甲苯-2,4-二异氰酸酯(TDI) 584-84-9		—	0.1	0.2
18	氟化氢 7664-39-3	氢氟酸	2	—	—
19	氟及其化合物(不含氟化氢)		—	2	5
20	镉及其化合物 7440-43-9		—	0.01	0.02
21	铬及其化合物 305-03-3		0.05	0.15	—
22	汞 7439-97-6	水银	—	0.02	0.04
23	碳酰氯 75-44-5	光气	—	0.5	
24	黄磷 7723-14-0		—	0.05	0.1
25	甲(基)肼 60-34-4		0.08	—	—
26	甲醛 50-00-0	福尔马林	0.5		
27	焦炉逸散物		—	0.1	0.3
28	肼;联氨 302-01-2		—	0.06	0.13
29	可溶性镍化物 7440-02-0		—	0.5	1.5
30	磷化氢;膦 7803-51-2		0.3	—	—
31	硫化氢 7783-06-4		10		
32	硫酸二甲酯 77-78-1		—	0.5	1.5
33	氯化汞 7487-94-7	升汞	—	0.025	0.025
34	氯化萘 90-13-1			0.5	1.5
35	氯甲基醚 107-30-2		0.005	—	—
36	氯;氯气 7782-50-5		1	—	—
37	氯乙烯(乙烯基氯) 75-01-4		—	10	25
38	锰化合物(锰尘、锰烟) 7439-96-5		—	0.15	0.45
39	镍与难溶性镍化物 7440-02-0		—	1	2.5
40	铍及其化合物 7440-41-7		—	0.000 5	0.001
41	偏二甲基肼 57-14-7		—	0.5	1.5
42	铅:尘/烟 7439-92-1/7439-92-1		0.05 0.03	—	—
43	氰化氢(按 CN 计) 460-19-5		1	—	
44	氰化物(按 CN 计) 143-33-9		1	—	

续表

序号	毒物名称及 CAS No.	别名	MAC /(mg·m^{-3})	PC-TWA /(mg·m^{-3})	PC-STEL /(mg·m^{-3})
45	三硝基甲苯 118-96-7	TNT	—	0.2	0.5
46	砷化(三)氢;胂 7784-42-1		0.03	—	—
47	砷及其无机化合物 7440-38-2		—	0.01	0.02
48	石棉总尘/纤维 1332-21-4		—	0.8 0.8 f/ml	1.5 1.5 f/ml
49	铊及其可溶化合物		—	0.05	0.1
50	(四)羰基镍 13463-39-3		0.002	—	—
51	锑及其化合物 7440-36-0		—	0.5	1.5
52	五氧化二钒烟尘 7440-62-6		—	0.05	0.15
53	硝基苯 98-95-3		—	2	5
54	一氧化碳 630-08-0		—	20	30

3. 工作场所空气中常见有机化合物容许浓度

（摘自中华人民共和国国家职业卫生标准 GBZ 2—2002）

序号	中文名 CAS No.	英文名	MAC /(mg·m^{-3})	PC-TWA /(mg·m^{-3})	PC-STEL /(mg·m^{-3})
1	2-氨基吡啶(皮) 504-29-0	2-Aminopyridine	—	2	5*
2	苯胺(皮) 62-53-3	Aniline(skin)	—	3	7.5*
3	苯基醚(二苯醚) 101-84-8	Phenyl ether	—	7	14
4	苯乙烯(皮) 100-42-5	Styene(skin)	—	50	100
5	吡啶 110-86-1	Pyridine	—	4	10*
6	苄基氯 100-44-7	Benzyl chloride	5	—	—
7	丙醇 71-23-8	Propyl alcohol	—	200	300
8	丙酸 79-09-4	Propionic acid	—	30	60*
9	丙酮 67-64-1	Acetone	—	300	450
10	丙烯醇(皮) 107-18-6	Allyl alcohol(skin)	—	2	3
11	丙烯醛 107-02-8	Acrolein	0.3	—	—
12	丙烯酸(皮) 79-10-7	Acrylic acid(skin)	—	6	15*

续表

序号	中文名 CAS No.	英文名	MAC /(mg·m^{-3})	PC-TWA /(mg·m^{-3})	PC-STEL /(mg·m^{-3})
13	丙烯酸甲酯(皮) 96-33-3	Methyl acrylate(skin)	—	20	40*
14	草酸 144-62-7	Oxalic acid	—	1	2
15	碘仿 75-47-8	Iodoform	—	10	25*
16	碘甲烷(皮) 74-88-4	Methyl iodide(skin)	—	10	25*
17	丁醇 71-36-3	Butyl alcohol	—	100	200*
18	1,3-丁二烯 106-99-0	1,3-Butadiene	—	5	12.5*
19	丁醛 123-72-8	Butyladehyde	—	5	10
20	丁酮 78-93-3	Methyl ethyl ketone	—	300	600
21	丁烯 25167-67-3	Butylene	—	100	200*
22	对苯二甲酸 100-21-0	Terephthalic acid	—	8	15
23	对特丁基甲苯 98-51-1	p-Tert-butyltoluene	—	6	15*
24	二恶烷(皮) 123-91-1	1,4-Dioxane(skin)	—	70	140*
25	二甲胺 124-40-3	Dimethylamine	—	5	10
26	二甲苯(全部异构体)	Xylene(all isomers)	—	50	100
27	二甲基甲酰胺(皮) 68-12-2	Dimethylformamide (DMF)(skin)	—	20	40*
28	二甲基乙酰胺(皮) 127-19-5	Dimethyl acetamide (skin)	—	20	40*
29	二氯苯 对二氯苯(106-46-7) 邻二氯苯(95-50-1)	Dichlorobenzene p-Dichlorobenzene o-Dichlorobenzene	—	30 50	60 100
30	1,2-二氯丙烷 78-87-5	1,2-Dichloropropane	—	350	500
31	二氯甲烷 75-09-2	Dichloromethane	—	200	300*
32	1,2-二氯乙烷 107-06-2	1,2-Dichloroethane	—	7	15
33	1,2-二氯乙烯 540-59-0	1,2-Dichloroethylene	—	800	1 200*
34	二缩水甘油醚 2238-07-5	Diglycidyl ether	—	0.5	1.5*
35	呋喃 110-00-9	Furan	—	0.5	1.5*
36	过氧化苯甲酰 94-36-0	Benzoyl peroxide	—	5	12.5*
37	环己醇(皮) 108-93-0	Cyclohexanol(skin)	—	100	200*
38	环己酮(皮) 108-94-1	Cyclohexanone(skin)	—	50	100*
39	环己烷 110-82-7	Cyclohexane	—	250	375*
40	环氧丙烷 75-56-9	Propylene Oxide	—	5	12.5*

续表

序号	中文名 CAS No.	英文名	MAC /(mg·m⁻³)	PC-TWA /(mg·m⁻³)	PC-STEL /(mg·m⁻³)
41	环氧氯丙烷(皮) 106-89-8	Epichlorohydrin(skin)	—	1	2
42	环氧乙烷 75-21-8	Ethylene oxide	—	2	5*
43	己内酰胺 105-60-2	Caprolactam	—	5	12.5*
44	2-己酮(皮) 591-78-6	2-Hexanone(skin)	—	20	40
45	甲醇(皮) 67-56-1	Methanol(skin)	—	25	50
46	甲苯(皮) 108-88-3	Toluene(skin)	—	50	100
47	甲基丙烯腈(皮) 126-98-7	Methylacrylonitrile(skin)	—	3	7.5*
48	甲基丙烯酸 79-41-4	Methacrylic acid	—	70	140*
49	甲基丙烯酸甲酯 80-62-6	Methyl methacrylate	—	100	200*
50	甲硫醇 74-93-1	Methyl mercaptan	—	1	2.5*
51	甲酸 64-18-6	Formic acid	—	10	20
52	间苯二酚 108-46-3	Resorcinol	—	20	40*
53	联苯 92-52-4	Biphenyl	—	1.5	3.75*
54	邻苯二甲酸二丁酯 84-74-2	Dibutyl phthalate	—	2.5	6.25*
55	邻苯二甲酸酐 85-44-9	Phthalic anhydride	1	—	—
56	硫酸二甲酯(皮) 77-78-1	Dimethyl sulfate(skin)	—	0.5	1.5*
57	六氟丙酮(皮) 684-16-2	Hexafluoroacetone(skin)	—	0.5	1.5*
58	六氟化硫 2551-62-4	Sulfur hexafluoride	—	6 000	9 000*
59	氯苯 108-90-7	Chlorobenzene	—	50	100*
60	氯丙烯 107-05-1	Allyl chloride	—	2	4
61	氯甲烷 74-87-3	Methyl chloride	—	60	120
62	马拉硫磷(皮) 121-75-5	Malathion(skin)	—	2	5*
63	马来酸酐 108-31-6	Maleic anhydride	—	1	2
64	萘 91-20-3	Naphthalene	—	50	75
65	2-萘酚 2814-77-9	2-Naphthol	—	0.25	0.5
66	尿素 57-13-6	Urea	—	5	10
67	全氟异丁烯 382-21-8	Perfluoroisobutylene	0.08	—	—
68	1,2,3-三氯丙烷(皮) 96-18-4	1,2,3-Trichloropropane	—	60	120*
69	三氯甲烷 67-66-3	Trichloromethane	—	20	40*
70	三氯硫磷 3982-91-0	Phosphorous thiochloride	0.5	—	—
71	三氯氧磷 10025-87-3	Phosphorus oxychloride	—	0.3	0.6

序号	中文名 CAS No.	英文名	MAC /(mg·m⁻³)	PC-TWA /(mg·m⁻³)	PC-STEL /(mg·m⁻³)
72	三氯乙醛 75-87-6	Trichloroacetaldehyde	3	—	—
73	1,1,1-三氯乙烷 71-55-6	1,1,1-trichloroethane	—	900	1 350*
74	三氯乙烯 79-01-6	Trichloroethylene	—	30	60*
75	四氯化碳(皮) 56-23-5	Carbon tetrachloride (skin)	—	15	25
76	四氯乙烯 127-18-4	Tetrachloroethylene	—	200	300*
77	四氢呋喃 109-99-9	Tetrahydrofuran	—	300	450*
78	五硫化二磷 1314-80-3	Phosphorus pentasulfide	—	1	3
79	戊醇 71-41-0	Amyl alcohol	—	100	200*
80	戊烷 109-66-0	Pentane	—	500	1 000
81	纤维素 9004-34-6	Cellulose	—	10	25*
82	硝化甘油(皮) 55-63-0	Nitroglycerine(skin)	1	—	—
83	硝基甲烷 75-52-5	Nitromethane	—	50	100*
84	辛烷 111-65-9	Octane	—	500	750*
85	溴甲烷(皮) 74-83-9	Methyl bromide(skin)	—	2	5*
86	一甲胺(甲胺) 74-89-5	Monomethylamine	—	5	10
87	乙胺 75-04-7	Ethylamine	—	9	18
88	乙苯 100-41-4	Ethyl benzene	—	100	150
89	乙醇胺 141-43-5	Ethanolamine	—	8	15
90	乙二胺(皮) 107-15-3	Ethylenediamine(skin)	—	4	10
91	乙二醇 107-21-1	Ethylene glycol	—	20	40
92	乙酐 108-24-7	Acetic anhydride	—	16	32*
93	乙腈 75-05-8	Acetonitrile	—	10	25*
94	乙醚 60-29-7	Ethyl ether	—	300	500
95	乙硼烷 19287-45-7	Diborane	—	0.1	0.3*
96	乙醛 75-07-0	Acetaldehyde	45	—	—
97	乙酸丙酯 109-60-4	Propyl acetate	—	200	300
98	乙酸丁酯 123-86-4	Butyl acetate	—	200	300
99	乙酸甲酯 79-20-9	Methyl acetate	—	100	200
100	乙酸戊酯(全部异构体) 628-63-7	Amyl acetate (all isomers)	—	100	200

续表

序号	中文名 CAS No.	英文名	MAC /(mg·m^{-3})	PC-TWA /(mg·m^{-3})	PC-STEL /(mg·m^{-3})
101	乙酸乙烯酯 108-05-4	Vinyl acetate	—	10	15
102	乙酸乙酯 141-78-6	Ethyl acetate	—	200	300
103	乙酰水杨酸(阿司匹林) 50-78-2	Acetylsalicylic acid (aspirin)	—	5	12.5*
104	乙氧基乙醇(皮) 110-80-5	2-Ethoxyethanol(skin)	—	18	36
105	异丙醇 67-63-0	Isopropyl alcohol(IPA)	—	350	700
106	N-异丙基苯胺(皮) 768-52-5	N-Isopropylaniline (skin)	—	10	25*
107	正庚烷 142-82-5	n-Heptane	—	500	1 000
108	正己烷(皮) 110-54-3	n-Hexane(skin)	—	100	180
109	重氮甲烷 334-88-3	Diazomethane	—	0.35	0.7
110	苯酚(皮) 108-95-2	Phenol(skin)	—	10	25*
111	异丙醇 67-63-0	Isopropyl alcohol(IPA)	—	350	700

* 数值系根据"超限系数"推算的。

4.致癌物质

一些已知的危险致癌物质:

1)芳胺及其衍生物

联苯胺(及某些衍生物)、β-萘胺、二甲氨基偶氮苯、α-萘胺。

2)N-亚硝基化合物

N-甲基-N-亚硝基苯胺、N-亚硝基二甲胺、N-甲基-N-亚硝基脲、N-亚硝基氢化吡啶。

3)烷基化剂

双(氯甲基)醚、硫酸二甲酯、氯甲基甲醚、碘甲烷、重氮甲烷、β-羟基丙酸内酯。

4)稠环芳烃

苯并[a]芘、二苯并[c,g]咔唑、二苯并[a,h]蒽、7,12-二甲基苯并[a]蒽。

5)含硫化合物

硫代乙酰胺(thioacetamide)、硫脲。

6)石棉粉尘

5.具有长期积累效应的毒物

一些物质进入人体不易代谢和排出,在人体内累积,引起慢性中毒,主要有:

1)苯

2)铅化合物,特别是有机铅化合物

3）汞和汞化合物,特别是二价汞盐和液态的有机汞化合物

在使用以上各类有毒化学药品时,都应采取妥善的防护措施;避免吸入其蒸气和粉尘,不要使它们接触皮肤;有毒气体和挥发性的有毒液体必须在效率良好的通风橱中操作,必要时配备正压式呼吸防护系统。

汞的表面应该用水掩盖,不可直接暴露在空气中,装盛汞的仪器应放在一个搪瓷盘上以防溅出的汞流失;汞溅洒后,尽量拾起收集;然后在溅洒汞的地方撒上硫磺石灰糊。

F. 常见基团和化学键的红外吸收特征频率

化合物	基团	波长/μm	频率/cm⁻¹	强度	振动类型
烷烃	$-CH_3$	3.37	$2\,962 \pm 10$	强	$C-H$ 伸缩
		3.48	$2\,872 \pm 10$	强	$C-H$ 伸缩
		6.89	$1\,450 \pm 20$	中	$C-H$ 弯曲
		7.25	$1\,375 \pm 10$	强	$C-H$ 弯曲
	$-CH_2-$	3.42	$2\,926 \pm 5$	强	$C-H$ 伸缩
		3.51	$2\,853 \pm 5$	强	$C-H$ 伸缩
		6.83	$1\,465 \pm 20$	中	$C-H$ 弯曲
	$-C(CH_3)_3$	$7.16 \sim 7.22$	$1\,395 \sim 1\,385$	中	$C-H$ 弯曲
		7.33	$1\,365 \pm 5$	强	$C-H$ 弯曲
		8.00	$1\,250 \pm 5$		$C-C$ 伸缩
		$8.00 \sim 8.33$	$1\,250 \sim 1\,200$		$C-C$ 伸缩
	$-C(CH_3)_2-$	7.22	$1\,385 \pm 5$	强	$C-H$ 弯曲
		7.30	$1\,370 \pm 5$	强	$C-H$ 弯曲
		8.55	$1\,170 \pm 5$		$C-C$ 伸缩
		$8.55 \sim 8.77$	$1\,170 \sim 1\,140$		$C-C$ 伸缩
	$-(CH_2)_n-$	$13.33 \sim 13.88$	$750 \sim 720$		$C-C$ 伸缩 （n = 4）
不饱和烃	$C=C$	$5.95 \sim 6.17$	$1\,680 \sim 1\,620$	变化	$C \equiv C$ 伸缩
	$C=C$（共轭）	6.25	$\sim 1\,600$	强	$C \equiv C$ 伸缩
	$R-C \equiv CH$	$4.67 \sim 4.76$	$2\,140 \sim 2\,100$	中	$C \equiv C$ 伸缩
	$R-C \equiv C-R$	$4.47 \sim 4.57$	$2\,260 \sim 2\,190$	中	$C \equiv C$ 伸缩
	$-C \equiv C-$（共轭）	$4.42 \sim 4.47$	$2\,260 \sim 2\,235$	强	$C \equiv C$ 伸缩
	$\equiv C-H$	$3.01 \sim 3.02$	$3\,320 \sim 3\,310$	中	$C-H$ 伸缩
		$14.71 \sim 16.39$	$680 \sim 610$	中	$C-H$ 伸缩

续表

化合物	基团	波长/μm	频率/cm^{-1}	强度	振动类型
芳烃	⬡	3.25~3.30	3 070~3 030	强	C—H 伸缩
		6.25~6.89	1 600~1 450	中	C—C 伸缩
		11.11~14.39	900~695	强	C—H 弯曲
醇和酚	OH(二聚) (分子间氢键) (多聚)	2.82~2.90	3 550~3 450	变化	O—H 伸缩
		2.94~3.13	3 400~3 200	强	O—H 伸缩
	伯醇	2.74~2.75	3 643~3 630	强	O—H 伸缩
		9.30~10.00	1 075~1 000	强	C—O 伸缩
		7.41~7.93	1 350~1 260	强	O—H 伸缩
	仲醇	2.75~2.76	3 635~3 630	强	O—H 伸缩
		9.71~9.83	1 120~1 030	强	C—O 伸缩
		7.41~7.93	1 350~1 260	强	O—H 伸缩
	叔醇	2.76~2.78	3 620~3 600	强	O—H 伸缩
		8.55~9.09	1 170~1 100	强	C—O 伸缩
		7.09~7.63	1 410~1 310	中	O—H 伸缩
	酚	2.77~2.78	3 612~3 593	强	O—H 伸缩
		8.13~8.77	1 230~1 140	强	C—O 伸缩
		7.09~7.63	1 410~1 310	中	O—H 伸缩
胺	伯胺	2.92~2.96	3 398~3 381	弱	N—H 伸缩
		2.99~3.01	3 344~3 324	弱	N—H 伸缩
		9.27	1 079±11	中	C—N 伸缩
		2.94~3.23	3 400~3 100	强	N—H 伸缩(氢键)
		6.06~6.29	1 650~1 590	强	N—H 弯曲
		11.11~15.38	900~650	弱	N—H 弯曲
	仲胺	2.76~3.02	3 360~3 310	弱	N—H 伸缩
		8.78	1 139±7	中	C—N 伸缩
		1 650~1 550	1 650~1 550	弱	N—H 弯曲

续表

化合物	基团	波长/μm	频率/cm⁻¹	强度	振动类型
羧基化合物	酮	6.00 ~ 5.87	1 725 ~ 1 705	强	C＝O 伸缩
	芳酮	5.92 ~ 5.95	1 690 ~ 1 680	强	C＝O 伸缩
	醛	5.73 ~ 5.78	1 745 ~ 1 730	强	C＝O 伸缩
		3.45 ~ 3.70	2 900 ~ 2 700	弱	C — H 伸缩
		6.94 ~ 7.55	1 440 ~ 1 325	强	C — H 弯曲
	酯	5.71 ~ 5.78	1 750 ~ 1 730	强	C＝O 伸缩
		7.69 ~ 10.00	1 300 ~ 1 000	强	C — O — C 伸缩
	酸	5.80 ~ 5.88	1 725 ~ 1 700	强	C＝O 伸缩
		5.88 ~ 5.95	1 700 ~ 1 680	强	C＝O 伸缩(芳酸)
		3.70 ~ 4.00	2 700 ~ 2 500	弱	O — H 伸缩(二聚)
		2.81 ~ 2.86	3 560 ~ 3 500	中	O — H 伸缩(单体)
		6.94 ~ 7.19	1 440 ~ 1 395	弱	C — O 伸缩
		7.58 ~ 8.26	1 320 ~ 1 211	强	O — H 弯曲
	COO⁻	6.21 ~ 6.45	1 610 ~ 1 560	强	C＝O 伸缩
		7.04 ~ 7.69	1 420 ~ 1 300	中	C＝O 伸缩
	酰卤	5.53 ~ 5.59	1 810 ~ 1 790	强	C＝O 伸缩
	伯酰胺	5.92 ~ 6.06	1 690 ~ 1 650	强	C＝O 伸缩
		2.84	~ 3 520	中	N — H 伸缩
		2.93	~ 3 410	中	N — H 伸缩
		7.04 ~ 7.12	1 420 ~ 1 405	中	C — N 伸缩
	叔酰胺	5.99 ~ 6.13	1 670 ~ 1 630	强	C＝O 伸缩
硝基化合物	C — NO₂(脂肪族)	6.44	1 554 ± 6	极强	N — O 伸缩
		7.24	1 383 ± 6	极强	N — O 伸缩
	C — NO₂(芳香族)	6.43 ~ 6.72	1 555 ~ 1 478	强	N — O 伸缩
		7.37 ~ 7.59	1 357 ~ 1 348	强	N — O 伸缩
		11.42 ~ 12.01	875 ~ 830	中	C — N 伸缩
	O — N＝O	6.10 ~ 6.17	1 640 ~ 1 620	强	C — N＝O 伸缩
		7.78 ~ 7.87	1 285 ~ 1 270	强	— N＝O 伸缩
有机卤化物	C — F	9.09 ~ 10.00	1 100 ~ 1 000	强	C — F 伸缩
	C — Cl	12.04 ~ 20.00	830 ~ 500	强	C — Cl 伸缩
	C — Br	16.67 ~ 20.00	600 ~ 500	强	C — Br 伸缩
	C — I	16.67 ~ 21.50	600 ~ 465	强	C — I 伸缩
腈	— C≡N(脂肪族)	4.42 ~ 4.46	2 260 ~ 2 200	中	C≡N 伸缩
	— C≡N(α,β-不饱和)	4.47 ~ 4.51	2 235 ~ 2 215	中	C≡N 伸缩
	— C≡N(芳香族)	4.46 ~ 4.50	2 240 ~ 2 220	中	C≡N 伸缩

续表

化合物	基团	波长/μm	频率/cm⁻¹	强度	振动类型
其他有机化合物	—C—S—H	3.38~3.90 14.28~16.95	2 950~2 500 700~590	弱 弱	S—H 伸缩 C—S 伸缩
	C=S	7.87~8.03	1 270~1 245	强	C=S 伸缩
	—C—P—H	4.04~4.40 8.00~10.53	2 475~2 270 1 250~950	中 弱	P—H 伸缩 P—H 弯曲
	—C—Si—H	4.39~4.88 11.24~11.63	2 280~2 050 890~860	极强	Si—H 伸缩 Si—H 弯曲

G. 常见质子的 ^{1}HNMR 化学位移

1. 饱和碳上质子的化学位移(δ,TMS)

—X	CH_3—X	RCH_2—X	R_1R_2CH—X
—H	0.233	0.9	1.25
—R(烷基)	0.9	1.25	1.5
—F	4.26	4.4	
—Cl	3.05	3.4	4.0
—Br	2.68	3.3	4.1
—I	2.16	3.2	4.2
—OH	3.47	3.56	3.85
—OR	3.3	3.4	
—OAr	3.7	3.9	
—OCOR	3.6	4.1	5.0
—SH	3.8	4.2	5.1
—SR	2.44	2.7	
—NR_2,—NH_2	2.2	2.6	2.9
—NHCOR	2.8	3.2	
—NO_2	4.28	4.4	4.7

— X	CH₃ — X	RCH₂ — X	R₁R₂CH — X
— CHO	2.2	2.3	2.4
— COR	2.1	2.4	2.5
— COAr	2.6	3.0	3.4
— COOH	2.07	2.3	2.6
— COOR	2.1	2.3	2.6
— CONH₂	2.02	2.2	
— CR═CRR'	1.6 ~ 2.0	2.3	2.6
— phenyl	2.3	2.7	2.9
— Aryl(包括杂环芳烃)	2.5 ~ 3.0		

注:表中数值是所测定 H 原子周围两个碳上无其他官能团的化合物中的平均值。

2. 与不饱和键相连的质子的化学位移(δ, TMS)

类 型	共 轭	非共轭	类 型	共 轭	非共轭
R₂C═CH₂	4.6 ~ 5.0	5.4 ~ 7.0	R₂C═CHR	5.0 ~ 5.7	5.7 ~ 7.3
芳烃	6.5 ~ 8.3	1.6 ~ 2.0	非苯芳烃	6.2 ~ 9.0	
醛基	9.5 ~ 9.8	9.5 ~ 10.1	乙炔基	2.3 ~ 2.7	2.7 ~ 3.2

3. 与 O、N、S 相连的质子的化学位移(TMS)

官能团		δ	官能团		δ
— OH	醇	0.5 (单体)	— NH₂	烷基胺	0.5 ~ 1.6
		0.5 ~ 5.0(缔合)		芳 胺	2.7 ~ 4.0
	苯酚	4.5 (单体)	— NH —	烷基胺	0.3 ~ 0.5
		4.5 ~ 8.5 (缔合)		芳 胺	2.7 ~ 2.8
	烯醇	11 ~ 16	— SH	脂肪族	1.3 ~ 1.7
	RCOOH	9.0 ~ 12(二聚)		芳香族	2.5 ~ 4

H.常见共沸混合物的沸点及组成

1.二元共沸混合物

混合物的组分	760 mmHg 时沸点/℃		共沸物组成(质量百分数/%)	
	纯组分	共沸物	第一组分	第二组分
H₂O	100			
氯仿	61.2	56.1	2.5	97.5
二氯乙烷	83.7	72.0	19.5	80.5
苯	80.4	69.2	8.8	91.8
甲苯	110.5	85.0	19.6	80.4
正丙醇	97.2	87.7	28.8	71.2
异丙醇	82.4	80.4	12.1	87.9
正丁醇	117.7	92.2	37.5	62.5
异丁醇	108.0	90.0	33.2	66.8
仲丁醇	99.5	88.5	32.1	67.9
叔丁醇	82.8	79.9	11.7	88.3
乙醇	78.4	78.1	4.5	95.5
乙酸乙酯	77.1	70.4	8.2	91.8
乙醚	35	34	1.0	99.0
乙腈	82.0	76.0	16.0	84.0
丙烯腈	78.0	70.0	13.0	87.0
烯丙醇	97.0	88.2	27.1	72.9
丁醛	75.7	68	6	94
氢碘酸	-34	127(最高)	43	57
氢溴酸	-67	126(最高)	52.5	47.5
氢氯酸	-84	110(最高)	79.8	20.2
甲酸	100.8	107.3(最高)	22.5	77.5
硝酸	86	120.5(最高)	32	68
己 烷	69			
苯	80.2	68.8	95	5
氯仿	61.2	60.8	28	72

混合物的组分	760 mmHg 时沸点/℃		共沸物组成(质量百分数/%)	
	纯组分	共沸物	第一组分	第二组分
环己烷	80.8			
苯	80.2	77.8	45	55
丙 酮	56.5			
二硫化碳	46.3	39.2	34	66
氯仿	61.2	65.5	20	80
异丙醚	69.0	54.2	61	39
乙 醇	78.4			
乙酸乙酯	78.0	72.0	30	70
苯	80.4	68.2	32	68
氯仿	61.2	59.4	7	93
四氯化碳	77.0	75.0	16	84
甲 醇	64.7			
苯	80.4	48.3	39	61
四氯化碳	77.0	55.7	21	79

2. 三元共沸混合物

第一组分		第二组分		第三组分		沸点/℃
名　称	质量分数/%	名　称	质量分数/%	名　称	质量分数/%	
水	7.8	乙 醇	9.0	乙酸乙酯	83.2	70.0
水	4.3	乙 醇	9.7	四氯化碳	86	61.8
水	7.4	乙 醇	18.5	苯	74.1	64.9
水	7	乙 醇	17	环己烷	76	62.1
水	3.5	乙 醇	4.0	氯仿	92.5	55.5
水	7.5	异丙醇	18.7	苯	73.8	66.5

参考文献

[1] 兰州大学,复旦大学化学系有机化学教研室. 有机化学实验[M].2 版. 北京:高等教育出版社,1994.

[2] 周科衍,高占先. 有机化学实验[M].3 版. 北京:高等教育出版社,1996.

[3] 辛剑,孟长功. 基础化学实验[M]. 北京:高等教育出版社,2004.

[4] 杨世珖. 近代化学实验[M].北京:石油工业出版社,2004.

[5] 张景文. 有机化学实验[M].长春:吉林大学出版社,1992.

[6] 张毓凡,曹玉容. 有机化学实验[M].天津:南开大学出版社,1999.

[7] 广东工业大学轻工化工学院有机教研组. 有机化学实验[M].北京:化学工业出版社,2007.

[8] 四川大学化工学院有机化学教研室. 有机化学实验[M].成都:成都科技大学出版社,1998.